GEORG KÜFFNER (HG.)

VON DER KRAFT DES WASSERS

DEUTSCHE VERLAGS-ANSTALT
MÜNCHEN

INHALT

Referat: 1. unterschiedliche Turbinen
2. unterschiedliche Kraftwerkstypen
3. Vor- und Nachteile Nutzung Wasserkraft
4. Nutzung Wasserkraft in unterschiedlichen Ländern

WASSERKRAFT IST EINZIGARTIG

VORWORT

Das Musterbeispiel nachhaltiger Energienutzung ist die Wasserkraft. Sie ist dabei „Nutznießer“ der Abläufe, die Leben auf der Erde erst möglich machen: Die Wärmestrahlung der Sonne verdunstet das Wasser in Flüssen, Seen und Meeren und lässt es in die Atmosphäre emporsteigen, wo es über kühleren Regionen kondensiert und als Regen, Hagel oder Schnee auf die Erde zurückkommt. Was davon nicht von den Weltmeeren aufgenommen wird oder auf der Erde versickert, sammelt sich in fließenden Gewässern. Auf dem Weg zu den Ozeanen kann dann die Kraft des Wassers genutzt werden. Möglich wird das durch das Ausnutzen der Höhenunterschiede. So liegt Europa im Durchschnitt 300 Meter über dem Meeresspiegel. In diesem Gefälle steckt eine enorme Energiemenge, die in Wasserkraftwerken zur Stromerzeugung genutzt werden kann.

Ohne Wasserkraft wäre die Weltwirtschaft längst nicht mehr funktionsfähig. Denn hinter den fossilen Energieträgern Kohle, Öl und Gas rangiert die Wasserkraft heute mit 19 Prozent weltweit an vierter Stelle in der Erzeugung von elektrischem Strom. Dieser Anteil könnte jedoch deutlich höher liegen, denn das „theoretisch“ machbare Potenzial der Wasserkraft liegt weit über der gegenwärtigen Leistung: es wird rund fünfmal höher geschätzt. Damit könnte der gesamte Strombedarf der Welt allein mit Wasserkraft erzeugt werden. Dass dieses Potenzial nicht voll ausgeschöpft werden wird, hat mehrere Gründe. So ist der Bau von Wasserkraftanlagen nicht ohne negative Auswirkungen auf die Umwelt möglich – wie Landschaftsverbrauch und ein Verlust an Tier- und Pflanzenarten. Vielfach liegt die Ursache aber auch an nicht verfügbaren finanziellen Mitteln.

Diesen Nachteilen stehen jedoch eindrucksvolle Vorzüge der Wasserkraft gegenüber. Das ist nicht nur der sich aus heutiger Sicht ewig vollziehende Wasserkreislauf. Sondern anders als bei Holz, Kohle, Erdöl und Erdgas, bei deren Verbrennung Kohlendioxid, Schwefeldioxid und Methangas in die Atmosphäre entweichen – und die so zum Treibhauseffekt beitragen –, lässt eine kluge Nutzung der Wasserkraft das Ökosystem weitgehend unangetastet. Doch auch im Reigen der anderen erneuerbaren Energien wie Wind, Sonne, Geothermie und Biomasse rangiert die Wasserkraft ganz weit vorne: Denn anders als Wind und Sonne steht die Wasserkraft rund um die Uhr zur Verfügung. Zudem hat diese Technik einen sehr hohen Reifegrad erreicht: Die Wirkungsgrade von Wasserturbinen lassen sich höchstens noch in den Dezimalstellen hinter dem Komma verbessern. Alle diese Faktoren machen die kontrollierte Nutzung der Wasserkraft einzigartig.

Wasser kann aber auch zerstörerisch wirken. So darf man nicht außer Acht lassen, dass von den nach sintflutartigen Niederschlägen zu Tale rauschenden Wassermassen Gefahren ausgehen: Bäche werden innerhalb von Minuten zu reißenden Flüssen, und Flüsse schwellen in kürzester Zeit zu machtvollen Strömen an. Dagegen schützen sich die Menschen seit Jahrhunderten durch den Bau von Deichen. Doch wie die Geschichte zeigt, werden diese „Kunstbauten" immer wieder überwunden – und die sich unkontrolliert ausbreitenden Wassermassen richten gewaltige Schäden an. Menschen ertrinken, Häuser werden weggerissen, Brücken und Straßen zerstört.

Wie katastrophal eine von einem Seebeben ausgelöste Riesenwelle die an den Ufern der Meere wohnende Bevölkerung treffen kann, hat der im Dezember 2004 über die Küsten Sumatras, Thailands, Sri Lankas und Indiens hereinbrechende Tsunami gezeigt, dem rund 300 000 Menschen zum Opfer gefallen sind. Man kann zwar mit dem Aufbau von Frühwarnsystemen versuchen, die Küstenanwohner vor „Killerwellen" frühzeitig in Sicherheit zu bringen. Doch können diese Maßnahmen nie hundertprozentigen Schutz bieten. Die Menschheit muss damit leben, dass alle paar Jahrzehnte oder Jahrhunderte Superkatastrophen auftreten, vor denen es nur begrenzten Schutz geben kann.

Doch gerade die enge „Verzahnung" der Wasserkraftnutzung mit der nie völlig beherrschbaren Natur macht dieses Arbeitsgebiet so faszinierend. Dazu trägt ganz wesentlich auch die Technik bei, die man über Jahrzehnte immer weiterentwickelt hat: So wurde das Zusammenspiel von Turbinen und Generatoren immer perfekter – und die Wasserräder und deren Schaufeln bekamen immer ausgeklügeltere Formen. All dies nachvollziehbar und auch komplexere technische Sachverhalte verständlich darzustellen hat sich dieses Buch vorgenommen. Eine Aufgabe, die nur durch die tatkräftige Unterstützung von Voith Siemens Hydro Power Generation möglich wurde.

Georg Küffner (Hrsg.)

EDITORIAL

EIN FLUSS WIRD GEZÄHMT – DER COLORADO RIVER

NEW YORK
NEW YORK
RITA

Das Auto gleitet sanft über die ebene Straße, die von der Stadt Flagstaff nach Norden führt. Die Landschaft des Coconino-Plateaus hier im Bundesstaat Arizona ist flach, Krüppelkiefern wechseln sich mit Viehweiden und einigen Feldern ab. Zur Rechten liegen in der Ferne die längst erloschenen Vulkankegel der San Francisco Peaks. Ihre mit Schnee bedeckten, mehr als 3800 Meter hohen Gipfel heben sich eindrucksvoll vom tiefen Blau des Himmels ab, der sich sonst unendlich weit zu erstrecken scheint. Gäbe es den Touristenort Tusayan und die Mauthäuschen der Verwaltung des Nationalparks nicht, könnte man sich in jene Zeit zurückversetzt fühlen, in der 25 spanische Conquistadores unter García López de Cárdenas von Mexiko kommend ebenfalls durch diese Gegend ritten. Die Abteilung der berühmten Coronado-Expedition war auf der Suche nach den legendären „sieben goldenen Städten", die es angeblich in dieser von Pueblo-Indianern bewohnten Region des nordamerikanischen Südwestens geben sollte. Statt Gold entdeckten die spanischen Eroberer im Jahre 1540 aber etwas ganz anderes. Nach tagelangem Ritt öffnete sich plötzlich vor ihnen die flache, geradezu eintönige Landschaft. Auch der Autofahrer von heute steht unerwartet vor einem gewaltigen Abhang. Ein steiles Kliff fällt scheinbar senkrecht Hunderte Meter tief ins Nichts. Eine 16 Kilometer breite Schlucht, ein Abgrund tut sich urplötzlich vor dem Besucher auf. Der Übergang kommt nicht nur für den Autofahrer überraschend, auch die Pferde in Cárdenas' Expedition haben angeblich gescheut, als sie auf einmal vor diesem grandiosen Naturschauspiel aus Weite, Tiefe und bizarren Felsformationen standen. Vor ihnen lag der Grand Canyon des Colorado River.

Tief unten, mehr als 1500 Meter unterhalb der Hotels am Südrand, fließt der größte Strom im Westen Nordamerikas. Er versteckt sich so tief in der von ihm geschaffenen Schlucht, dass ihn der Besucher nur von einigen wenigen Stellen des Südrandes aus erblicken kann. John Wesley Powell war der erste Weiße, der im Jahre 1869 zusammen mit seiner Mannschaft auf mehreren Flößen diesen Fluss in den Tiefen des Grand Canyon durchfuhr. Gewaltige Steilwände blockierten den Unerschrockenen die Sicht auf die heute bequem zu erreichenden Aussichtspunkte eineinhalb Kilometer weiter oberhalb. Die tosenden Wildwasser des Flusses verlangten alle Aufmerksamkeit von den Rudergängern, und mehr als einmal kenterte eines der Flöße.

Gestaltet wurde diese einmalige, aus Steilwänden, Felstürmen und dramatischen Stromschnellen bestehende Landschaft allein durch die Kraft des Wassers. Geologen sind sich nicht ganz sicher, wann der Colorado damit begann, den Grand Canyon als eine gewaltige Skulptur der Natur in das Coconino-Plateau zu schneiden. Auf Grund des Druckes aus dem Erdinneren begann sich das Plateau vor etwa

30 Millionen Jahren zu heben. Unmerklich langsam vollzog sich diese Bewegung, aber der Fluss, der nicht bergauf fließen wollte, grub sich immer tiefer ein, bis er schließlich in 1500 Meter Tiefe ein mehr als zwei Milliarden Jahre altes Gestein erreichte, das die heutige Talsohle darstellt.

Um diese gewaltige Erosionsarbeit zu leisten, brauchte der Fluss viel Kraft. Während der Colorado den mehr als 350 Kilometer langen Grand Canyon durchläuft, verliert er im Durchschnitt pro Kilometer etwa 150 Zentimeter an Höhe. Das ist jedoch längst nicht die gesamte Kraft, die im Wasser des mächtigen Colorado River steckt. Der Fluss entspringt als kleines Rinnsal aus dem Granby-See tief im Herzen der Rocky Mountains, knapp 100 Kilometer nordöstlich der Großstadt Denver. Auf seinem Weg zum Meer – der Fluss mündet im kleinen Dorf Golfo de Santa Clara im mexikanischen Bundesstaat Sonora in den Golf von Kalifornien – legt er in seinen vielen Windungen und Mäandern eine Strecke von mehr als 2700 Kilometern zurück. Zwischen seiner Quelle und der Mündung liegt ein Höhenunterschied von mehr als 4250 Metern. Jedem Liter Wasser, das den Colorado von seinem Ursprung bis zum Meer durchläuft, gibt dieses Gefälle eine kinetische Energie von nahezu 42 000 Joule oder Wattsekunden. Das würde ausreichen, eine 100-Watt-Glühbirne etwa sieben Minuten leuchten zu lassen.

Auf den ersten Blick erscheint diese Energie gering. Aber in jedem Jahr gelangen aus dem sieben amerikanische Bundesstaaten umfassenden Einzugsgebiet im Durchschnitt 18,5 Milliarden Kubikmeter Wasser in das Bett des Colorado. Erst diese große Menge Wasser ist in der Lage, aus geordneten Felsschichten jene grandiosen Landschaften des amerikanischen Südwestens zu erodieren, die in jedem Jahr Millionen von Besuchern den Atem verschlagen. Mehr als 500 000 Tonnen Sediment, so stellten Geologen vor mehr als 40 Jahren fest, führte der Fluss im Tagesdurchschnitt in seinem Wasser in Richtung Meer. Zu Zeiten der Schneeschmelze schnellte diese Zahl gelegentlich auf über 20 Millionen Tonnen pro Tag hoch.

Wie stark die Kraft des Wassers ist, erlebt der Besucher aber nicht nur im amerikanischen Wilden Westen. Ein eindrucksvolles Beispiel lässt sich – abseits der Autobahnen – auch im Schweizer Kanton Graubünden bewundern. Der dort noch junge Rhein hat sich durch das kristalline Gestein des Alpenhauptkammes gesägt und dabei eine bedrohlich enge Klamm geschaffen, die berüchtigte Via Mala. Auch sonst ist die Kraft des Wassers allgegenwärtig – vom kleinen Rinnsal, das nach einem starken Regenfall eine kleine Furche in einen Wanderweg gräbt, bis zum gewaltigen Ganges-Delta im Golf von Bengalen, in das die Ströme Ganges und Brahmaputra mitsamt ihren Nebenflüssen jene Sedimentfracht ablagern, die sie weit oberhalb aus

Schroffe Felsen, steile Hänge: Mit geduldiger Kraft hat sich der Colorado River 1500 Meter tief in das zwei Milliarden Jahre alte Gestein des amerikanischen Westens gegraben.

dem Himalaya erodieren. Auch die Lagunenstadt Venedig ist eine Tochter der Kraft des Wassers. Der Po und seine Nebenflüsse erodierten die südlichen Kalkalpen. Die Poebene, von Turin über Mailand und Bologna bis eben nach Venedig, besteht aus nichts anderem als aus den vom Wasser abgetragenen und in kleinste Bestandteile zerlegten Südalpen.

Die im Wasser steckende Kraft hat für uns Menschen vielfach etwas Heimeliges. Die Alltagsweisheit, dass ein steter Tropfen den Stein aushöhle, hat ebenso etwas Beruhigendes wie das Geräusch eines sprudelnden Gebirgsbaches im Sommer. Manchmal ist die Kraft des Wassers aber auch voll zerstörerischer Wut, vor allem wenn sie sich als kräftige Erosion manifestiert. Überflutungen können Brücken und Gebäude wegreißen, Schlammlawinen sind in der Lage, ganze Ortschaften unter sich zu begraben. Tatsächlich hat die Kraft des Wassers im Laufe der Erdgeschichte eine große Rolle gespielt. Das Antlitz unserer Erde sähe heute völlig anders aus, wenn es kein Wasser auf der Erdoberfläche gegeben hätte. Die von der Schwerkraft angetriebenen, durch das Gefälle beschleunigten Bäche und Flüsse trugen riesige

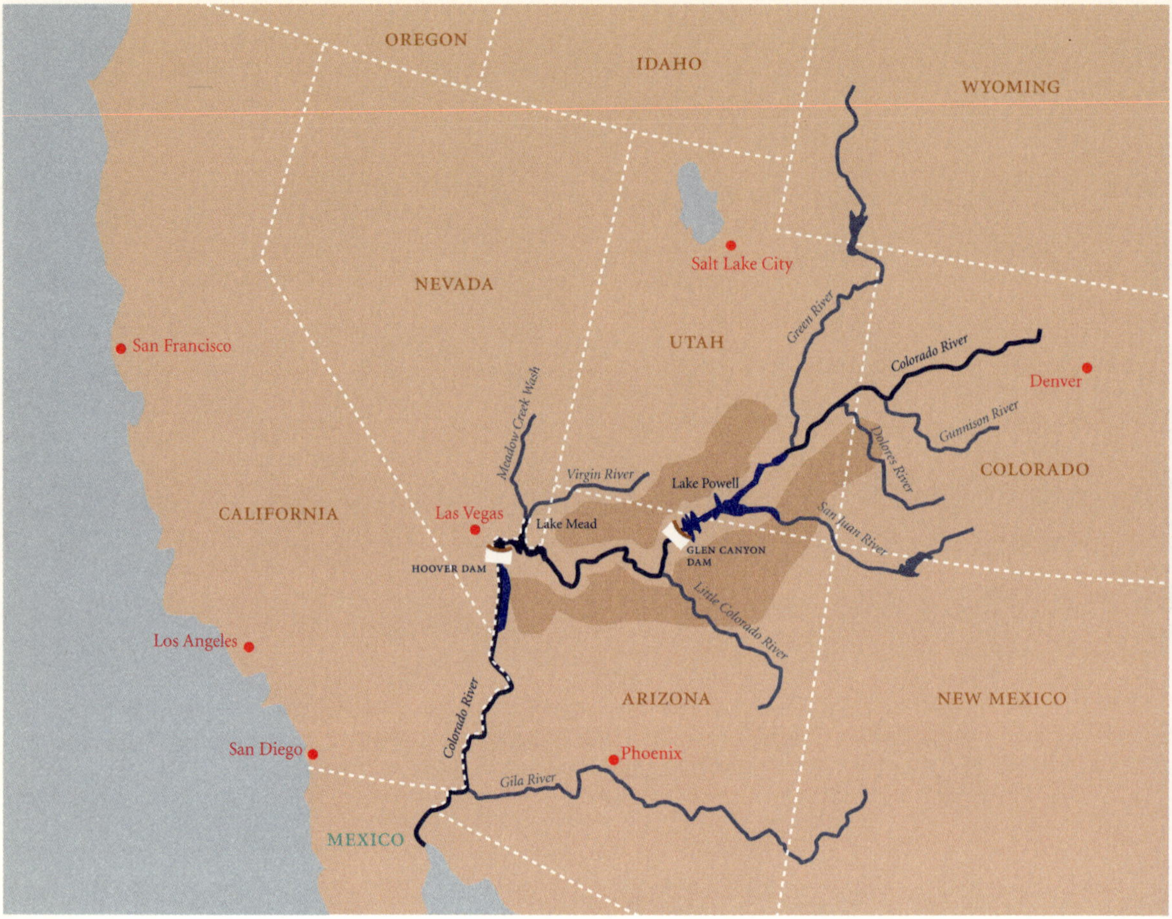

Der Hoover-Damm und der Glen-Canyon-Damm sind nur zwei von rund 20 Dämmen, welche die Kraft des Colorado River zähmen und die im größten Strom des amerikanischen Westens steckende Kraft – vor allem in Form von Elektrizität – nutzbar machen.

Gebirge ab. Bei dem seit mehreren Hundert Millionen Jahren andauernden Wechselspiel zwischen Gebirgsbildung und Erosion wurden erst jene schroffen Bergketten geschaffen, deren Gegensätze von Gipfel und Tal, Hang und Klamm uns heute so sehr faszinieren.

Besonders deutlich werden diese Gegensätze bei einem Abstieg in die Tiefen des Grand Canyon. Eng und oft weit nach außen ragend, schlängeln sich dabei die Pfade die Steilwände entlang. Unten angekommen wird der Wanderer durch einen imposanten Anblick belohnt. Das Wasser rauscht mit mächtigem Getöse durch die dunklen Felsen des Vishnu-Gneises. Wer ein wenig innehält, wird sich aber wundern, warum der Fluss im Jahre 1598 den spanischen Namen „Colorado" – also „roter Fluss" – erhielt. Heute fließt das Wasser nämlich klar und kein bisschen trübe daher. Und wenn der Besucher versucht, im Fluss zu baden, wird er eine Überraschung erleben. Powell berichtete noch von der angenehmen Temperatur, die der Fluss auf seinem Weg durch das von der Sonne „gebackene" Gestein in dieser Wüstengegend des nordamerikanischen Westens angenommen habe. Wer aber heute ein Bad im Fluss nimmt, muss stattdessen gegen eiskalte Temperaturen gewappnet sein. Im Durchschnitt ist das Wasser des Colorado im Grand Canyon nämlich nur noch sieben Grad Celcius warm.

Wieso führt der Fluss heute keine Sedimente mehr und warum ist er so unwirtlich kalt? Die Antwort findet der Besucher flussaufwärts, gut 120 Kilometer nördlich der Aussichtspunkte am Südrand des Grand Canyon. Dort, in der Nähe der Stadt Page, versperrt der gewaltige Glen-Canyon-Damm dem mächtigen Strom den Weg. Hinter dieser Staumauer aus Beton ist der Colorado zum Lake Powell aufgestaut. In diesem See landen nicht nur die Sedimente, die der Fluss in seinem Oberlauf erodiert. Abgesehen von der Oberfläche wird das Wasser in dem bis zu 170 Meter tiefen Stausee nicht von der Sonne gewärmt. Deshalb ist das Wasser kalt und klar, wenn es zunächst durch die Turbinen und dann in den Flusslauf unterhalb der Staumauer strömt – viel kälter, als es Powell und die anderen frühen Flößer beschrieben haben.

Der Glen-Canyon-Damm ist nur einer von mehr als 20 Staudämmen, welche die natürliche Kraft des Colorado River zähmen. Anstatt sich immer tiefer in die Landschaft des Wilden Westens einzugraben und dabei Milliarden Tonnen von Gestein ins Meer zu verfrachten, wird die im Wasser steckende Kraft heute zum Nutzen des Menschen umgewandelt: in elektrischen Strom, in Trinkwasser für die stetig wachsende Bevölkerung, zur Bewässerung großer landwirtschaftlich genutzter Flächen. Die Stauseen sind außerdem zu Ausflugszielen geworden, an denen manche Familien ihren gesamten Sommerurlaub verbringen. Die Wehre verhindern zusätzlich, dass es im Frühjahr während der Schneeschmelze oder nach schweren Gewittern zu Überflutungen kommt. Wanderer und Flößer in den Schluchten können sich heute darauf verlassen, dass der Colorado abgesehen von örtlich begrenzten Regenfällen sein Bett nicht mehr verlässt.

Dieser Fluss, der in den vergangenen 30 Millionen Jahren die spektakulären Landschaften im Südwesten Nordamerikas schuf, wurde in den letzten 70 Jahren durch eine der größten Ingenieurleistungen des vergangenen Jahrhunderts gezähmt. Die besten Bauingenieure Amerikas, die größten Baufirmen des Landes und Hunderttausende von Bauarbeitern machten eine Vision wahr, die von weitsichtigen Politikern und Regierungsbeamten mit einer in unserer heutigen kurzatmigen Welt, unmöglich erscheinenden Zähigkeit jahrzehntelang konsequent verfolgt wurde: Die im größten Strom des amerikanischen Westens steckende Kraft sollte nutzbar gemacht werden, um ebenjenen wilden, unfruchtbaren, trockenen Landstrich Amerikas für die Besiedlung zu erschließen. Es besteht kein Zweifel, dass ohne den Bau von Glen-

Canyon, Hoover, Morelos, Parker, Davis und wie all die Staudämme entlang dem Colorado heißen, die Entwicklung dieses großen Landes westlich des Mississippi wohl kaum möglich gewesen wäre.

Der Aufstau des Colorado brachte aber nicht nur Segen. Dem Fluss wurde die erosive Kraft genommen. Heute frisst er sich nur noch minimal in die Felsenlandschaft ein. Das klare Wasser in der Schlucht des Grand Canyon ist das beste Zeichen, dass er keine oder nur noch sehr wenige Sedimente mit sich führt. Außerdem veränderten die Stauseen die ursprüngliche Landschaft erheblich. Wo heute Seen wie Lake Powell oder Lake Mead Wassersportler aller Schattierungen einladen, erstreckte sich früher unwirtliche Wüste. Der regulierte Wasserstand machte auch jenem Wechselspiel ein Ende, das die Flößer in früheren Zeiten so sehr fürchten mussten. Die Überflutungen zur Zeit der Schneeschmelze veränderten nämlich regelmäßig den Lauf des Flusses. An Stellen, an denen er im vorhergehenden Sommer noch träge dahinglitt, warteten im Jahr darauf plötzlich Stromschnellen auf die Flößer. Mittlerweile haben Biologen auch gelernt, dass sich mit der Regulierung des Wasserlaufes das gesamte Ökosystem in der Talsohle des Grand Canyon verändert hat. Und schließlich veränderte auch die durch das Aufstauen ermöglichte Bewässerung die Hydrologie und Chemie des Flusses. Die Düngung der landwirtschaftlich genutzten Gebiete im Unterlauf des Colorado führte dazu, dass mit Nitraten und anderen Nährstoffen angereichertes Wasser wieder zurück in den Fluss lief. Das brachte manche Stauseen im Unterlauf der Eutrophierung nahe und ging schließlich sogar so weit, dass an der Grenze zwischen Arizona, Kalifornien und Mexiko eine Entsalzungsanlage gebaut werden musste, damit die mexikanischen Wasserversorger und Landwirte dem Colorado wieder sauberes Wasser entnehmen konnten.

Unternehmen wir eine kleine Reise entlang dem Colorado und machen uns selbst ein Bild von der Auswirkung jener Kraft, die im Wasser dieses Stromes steckt.

Neben dem Grand Canyon selbst ist der Hoover-Damm zweifellos die größte Touristenattraktion entlang dem Colorado River. Etwa 30 Kilometer südöstlich von Las Vegas zwängten Bauarbeiter zwischen 1931 und 1935 insgesamt zweieinhalb Millionen Kubikmeter Beton in den engen, vom Colorado durchflossenen Black Canyon genau an der Grenze zwischen den beiden Bundesstaaten Arizona und Nevada. Hinter der in einem eleganten Bogen geschwungenen, 221 Meter hohen Staumauer erstreckt sich seitdem der Lake Mead, mit einer Wasserfläche von 640 Quadratkilometern der größte Stausee der Vereinigten Staaten. Der Hoover-Damm war der erste Schritt, den wilden, unberechenbaren Colorado zu zähmen.

Geboren wurde die Idee, nachdem im Frühjahr des Jahres 1905 im Unterlauf des Flusses ein kleiner Erddamm brach. Kalifornische Landwirte hatten damals den Damm errichtet, um einen Teil des Colorado in das Imperial Valley im südlichsten Teil des Goldenen Staates umzuleiten. Mit dem Wasser wollten sie ihre Dattelpalmen, Obstbäume und Getreidefelder bewässern. Wie in jedem Frühjahr führte der Colorado auch im Jahre 1905 sehr viel Wasser. Als es aber – für die Wüstengegend im Südosten Kaliforniens völlig ungewöhnlich – gleichzeitig mehrere Tage lang kräftig regnete, durchbrach der tosende Fluss den Damm und schuf sich ein neues Bett. Anstatt sich im Golf von Kalifornien ins Meer zu ergießen, floss der Colorado damals 16 Monate lang wie ein gewaltiger Sturzbach nach Westen ins Imperial Valley. Häuser, Straßen und eine Eisenbahnlinie wurden von den Fluten weggeschwemmt, und der kleine Salton Sea am tiefsten Punkt dieses Tales schwoll von einer ursprünglichen Fläche von 57 Quadratkilometern um mehr als das Zwanzigfache auf fast 1300 Quadratkilometer an.

Diese Katastrophe veranlasste die Vertreter von sieben amerikanischen Bundesstaaten und die Regierung in Washington, über eine koordinierte Nutzung des Wassers des Colorado zu verhandeln. Unter Leitung des damaligen Wirtschaftsministers Herbert Hoover unterzeichnete man im Jahre 1922 den „Colorado River Compact“. In diesem zwischenstaatlichen Abkommen wurde geregelt, wie viel Wasser des Colorado jedem der beteiligten Bundesstaaten zusteht. Nach diesem Schlüssel würde Mexiko, das Land an der Mündung des Colorado, überhaupt kein Wasser erhalten. Um einen diplomatischen Konflikt zu vermeiden, wurden dem Nachbarn der Vereinigten Staaten im Süden im Jahre 1944 im Rahmen eines Zusatzvertrages kurzerhand zehn Prozent des Colorado-Wassers zugesprochen – ohne dass dabei die längst verteilten Kontingente der nordamerikanischen Bundesstaaten auch nur um einen Liter gekürzt worden wären. Seit mehr als 60 Jahren können damit – zumindest theoretisch – 110 Prozent des im Colorado fließenden Wassers genutzt werden. In den Ausführungsbestimmungen zu diesem Vertrag wurde später außerdem festgelegt, wie dieser damals noch wilde Fluss zu zähmen sei. Der nach dem Leiter der Verhandlungen und späteren Präsidenten der Vereinigten Staaten benannte Hoover-Damm war der erste Schritt in diesem ehrgeizigen Projekt.

Obwohl mittlerweile beinahe 70 Jahre alt, ist dieser Damm auch heute noch beeindruckend. Von den 2,5 Millionen Besuchern, die in jedem Jahr am Staudamm Halt machen, fahren mehr als 700 000 mit dem Fahrstuhl von der Staudammkrone jene 220 Meter hinab, um die Turbinenhalle zu bewundern. 17 Turbinen treiben dort Generatoren an, die elektrischen Strom mit einer Nennleistung von nahezu 2080 Megawatt erzeugen. Mehr als ein Viertel dieser Energie fließt durch Überlandleitungen in den Bundesstaat Nevada, vor allem in die glitzernden Leuchtreklamen und die nimmermüden Spielautomaten der Kasinos entlang dem Sunset Strip im Spielerparadies Las Vegas. Zunächst verschafften die vielen Glücksspielhöllen dieser Stadt einen etwas zwielichtigen Ruf. Inzwischen ist Las Vegas aber zu einem Unterhaltungszentrum für die ganze Familie geworden – und gleichzeitig wurde die Stadt eine der am schnellsten wachsenden Gemeinden der Vereinigten Staaten. Seit 1980 hat sich die Zahl der Einwohner nahezu vervierfacht und beträgt mehr als 1,6 Millionen. Banken, Versicherungsgesellschaften und sogar einige High-Tech-Unternehmen haben sich dort angesiedelt. Kongresse und Großveranstaltungen ziehen auch jene Besucher an, die sonst das Glückspiel verpönen. Das rasche Wachstum von Las Vegas war im Wesentlichen nur aus zwei Gründen möglich. Einerseits steht dem Spielerparadies mit dem von den Generatoren im Hoover-Damm erzeugten Strom elektrische Energie nahezu uneingeschränkt zur Verfügung. Schon lange stünden die vielen Spielautomaten still, wenn nicht der größte Teil des Colorado-Flusses durch die Turbinen in der Maschinenhalle tief im Fundament des Staudammes geleitet würde. Andererseits wird Las Vegas seit dem Jahre 1982 mit Trinkwasser aus dem Lake Mead versorgt. Der natürliche unterirdische Wasserspeicher, der bis dahin das Wasser für Las Vegas lieferte, wäre inzwischen längst versiegt, hätte man nicht auf den Colorado zurückgreifen können.

Nicht minder eindrucksvoll als der unterhalb des Grand Canyon gelegene Hoover-Damm ist die Staumauer am oberen Ende des Naturwunders. Der Glen-Canyon-Damm in der Nähe der Stadt Page im Bundesstaat Arizona ist mit einer Höhe von 216 Metern um nur fünf Meter niedriger als der Hoover-Damm. Diese ebenfalls aus Beton errichtete Staumauer staut den Colorado auf einer Länge von nahezu 300 Kilometern zum zweitgrößten künstlichen See der Vereinigten Staaten auf, dem Lake Powell. Mehr als 2,5 Millionen Angler, Hausbootkapitäne und andere Wassersportler besuchen diesen vollständig in einem Wüstengebiet gelegenen See pro Jahr. Eingeweiht wurde der Damm im Jahre 1963. Anschließend dauerte es 17 Jahre, bis der Lake Powell endgültig mit Wasser gefüllt und in mehr als 125 Seitentäler eingedrungen war. Mehr als 33 Milliarden Kubikmeter Wasser werden im Lake Powell gespeichert. Sein azurblaues Wasser hebt sich surreal vom Gelb und Rot des umgebenden Wüstengesteins ab. Seine Uferlinie ist so bizarr, dass sich der Betrachter unweigerlich an Zeichnungen der fraktalen Geometrie moderner Mathematiker erinnert fühlt und nicht an die glatten Uferlinien alpiner Bergseen. Diese bizarre, ausgefranste Form gibt dem im Grenzgebiet der Bundesstaaten Arizona und Utah liegenden See eine extrem lange Uferlinie. Sie ist mit mehr als 3200 Kilometern länger als die gesamte Pazifikküste der Vereinigten Staaten von Kalifornien bis zum Bundesstaat Washington.

Gelegentlich kann der Fluss auch schnurgerade fließen,
wie hier an der Mündung des Green River im Bundesstaat Utah.

Der Hoover-Damm aus der Luft: Im eleganten Bogen geschwungen, hält die 221 Meter hohe Staumauer das Wasser des Colorado seit 1935 zurück.

Insgesamt ist das Einzugsgebiet des Colorado etwa 620 000 Quadratkilometer groß und umfasst damit knapp die doppelte Fläche Deutschlands. Der wichtigste Nebenfluss im Norden ist der Green River, der aus Wyoming kommend etwa die Hälfte des später durch den Colorado fließenden Wassers beisteuert. Der Green River wird bereits in seinem Oberlauf vom gewaltigen Flaming-Gorge-Damm aufgestaut, dem ersten der mehr als 20 größeren Staudämme, in denen die Kraft des gesamten Wassers aus dem Einzugsgebiet des Colorado gezähmt wird. Beendet wird der Reigen der Staudämme durch den schon auf mexikanischem Gebiet liegenden Morelos-Damm im Unterlauf des Colorado. Betrieben werden die Stauwerke auf amerikanischer Seite vom ‚Bureau of Reclamation', einer mit der Wasserversorgung befassten, zum Innenministerium in Washington gehörenden Behörde. Ihre wesentliche Aufgabe ist die Regulierung des Wasserstandes unterhalb der Staumauern – denn es gilt die wichtigsten „Kunden" für das Wasser des Colorado zu befriedigen. Das sind Tausende von Landwirten in den sieben am Colorado-Vertrag beteiligten Bundesstaaten.

Oft liegen ihre Gehöfte und Farmen in Gegenden, in denen sich unter natürlichen Umständen nie ein Landwirt niedergelassen hätte. Besonders deutlich wird das bei einem Flug über den Südwesten der Vereinigten Staaten. Mitten in der beim Blick aus dem Flugzeug leblos erscheinenden Sonora-Wüste im Westen Arizonas tauchen plötzlich runde Felder auf, auf denen Getreide oder Luzerne wachsen. Rund sind die Felder, weil die automatischen Bewässerungsmaschinen in den Sommermonaten Tag und Nacht um eine zentrale, vom Colorado gespeiste Wasserleitung herumlaufen. In Utah und im Imperial Valley Kaliforniens können Obsthaine und Dattelpalmen in ausgedehnten Plantagen nur deshalb gedeihen, weil das Wasser des Colorado durch Kanäle und Bewässerungsleitungen über Dutzende von Kilometern von den Stauseen zu den Gehöften geleitet wird. Insgesamt, so weist die Statistik der Regulierungsbehörde aus, wird mit dem Colorado-Wasser eine Fläche von etwa der Größe Sloweniens bewässert und damit überhaupt erst landwirtschaftlich nutzbar gemacht. Der Umsatz, der mit den auf diesen Flächen angebauten Produkten erzielt wird, schwankt abhängig vom Marktpreis, betrug jedoch zum Ende des vergangenen Jahrhunderts etwa drei Milliarden Dollar jährlich.

Freizeitsportler und Landwirte sind aber keineswegs die einzigen Nutznießer der Zähmung des Colorado. Als man gegen Ende der 20er Jahre des vergangenen Jahrhunderts mit der Planung des Hoover-Damms begann, zog man schon die Nutzung der Wasserkraft zur Erzeugung der damals noch jungen elektrischen Energie heran. Wie der Hoover-Damm verfügen die meisten größeren Staustufen entlang dem Colorado über Wasserkraftwerke. In manchen Turbinenhallen werden bis zu

Hinter dem Glen-Canyon-Damm ist am Lake Powell eine bizarre Landschaft aus rotem Wüstengestein und azurblauem Wasser entstanden.

17 Generatoren von den rotierenden Turbinen angetrieben. Insgesamt ist in diesen Wasserkraftwerken eine elektrische Leistung von mehr als fünf Gigawatt installiert. Das entspricht zwar nur weniger als einem Prozent der insgesamt in den Vereinigten Staaten installierten Kapazität, aber immerhin mehr als fünf Prozent der Kapazität aller amerikanischen Wasserkraftwerke.

Als mit dem Bau der Staudämme entlang dem Colorado begonnen wurde, spielte die Trinkwasserversorgung lediglich eine untergeordnete Rolle. Abgesehen von einigen Städten an der kalifornischen Küste war der amerikanische Südwesten damals noch dünn besiedelt. Heute trinken dagegen mehr als 25 Millionen Menschen Wasser aus dem Colorado. Zum Beispiel liefern die Aquädukte des im Jahre 1985 eingeweihten ‚Central Arizona Project' Trinkwasser bis nach Phoenix und Tucson. Das rasante Wachstum dieser Städte war nur möglich, weil mit dem Wasser des Colorado die Trockenheit der Wüste überlistet wurde. Die Stadtwerke von Los Angeles sind der größte Abnehmer für Wasser aus dem Lake Mead. Auch San Diego erhält inzwischen Trinkwasser aus dem Colorado.

Die intensive Nutzung des Colorado-Flusses war ohne Zweifel einer der wichtigen Faktoren in der wirtschaftlichen und demographischen Entwicklung des amerikanischen Westens. Ohne sie fehlte es an Strom für Großstädte wie Denver und Las Vegas, mangelte es an Trinkwasser für Phoenix und Los Angeles und gäbe es in den Regalen der Supermärkte überall in den Vereinigten Staaten weniger preiswerte landwirtschaftliche Produkte. Aber wie steht es mit den Veränderungen in der Natur seit der Zähmung des Colorado? Dem Wasser ist inzwischen nicht nur die Kraft genommen, sich noch tiefer in die grandiosen Schluchten zu graben. Der regulierte, stetige Wasserlauf hat auch das Ökosystem in der Talsohle erheblich beeinflusst. Bevor der Colorado-Fluss durch zahlreiche Talsperren gestaut wurde, war er ein wilder Strom mit stark wechselnder Wasserführung. Jeweils im Herbst, zur Zeit der größten Trockenheit in den Rocky Mountains und ihren Ausläufern, war er oft nur ein Rinnsal, durch das weit weniger als 200 Kubikmeter Wasser je Sekunde flossen. In den Monaten Mai und Juni dagegen, zur Zeit der Schneeschmelze, tobte meist die hundert-, oft sogar hundertfünfzigfache Menge an Wasser durch den Colorado. Dieser natürliche Zyklus führte zwar zur Erosion, ließ aber auch Sandbänke, Untie-

Obwohl die Staudämme dem Colorado viel von seiner ursprünglichen Kraft genommen haben, ist eine Floßfahrt auf ihm auch heute noch immer ein Abenteuer.

fen und kleine Mäander entstehen. Sie bildeten den eigentlichen Lebensraum für Flora und Fauna im Talboden, denn sonst findet man am Grunde des Grand Canyon meist nur blankes, präkambrisches Gestein. Mit der Fertigstellung des Glen-Canyon-Dammes wurde dieser natürliche Zyklus aber unterbrochen. Nur noch selten fließen mehr als 300 Kubikmeter je Sekunde durch den regulierten Fluss. Dieser geringe, wenngleich stetige Wasserstrom hat zur Folge, dass die ursprünglichen Sandbänke immer weiter erodierten und nicht mehr neu aufgeschüttet wurden. Bestehende Altwasser fielen trocken oder wurden von Vegetation überwuchert, weil die „reinigenden" Frühjahrsfluten ausblieben.

Im Jahre 1996 entschlossen sich Mitarbeiter des amerikanischen Innenministeriums, das sowohl Betreiber der Talsperren als auch Aufsichtsbehörde für den Grand Canyon Nationalpark ist, zu einem einmaligen Experiment. Eine Woche lang ließ man ununterbrochen mehr als 1500 Kubikmeter Wasser pro Sekunde aus dem hinter dem Glen-Canyon-Damm gestauten Lake Powell abfließen. Obwohl diese künstliche Flut erheblich kleiner war als die natürlichen Schneeschmelzen und zudem nicht zur richtigen Jahreszeit kam, hoffte man, dass damit die ursprünglichen Verhältnisse im Talboden wiederhergestellt werden konnten. Zunächst zeigten sich viele der gewünschten Effekte. Mindestens 30 Prozent der Strände und Sandbänke im Grand Canyon vergrößerten sich erheblich. Nährstoffe wurden aus den tieferen Sedimentschichten hochgespült. An vielen Stellen entstanden „Altwasser", flache Tümpel, in denen Fische laichen und Amphibien gedeihen konnten. Inzwischen hat sich aber herausgestellt, dass die Flut langfristig zwar keinen Schaden angerichtet hat, von einem großen Nutzen aber auch nicht die Rede sein kann. Vielmehr sind die durch die Flut neu geschaffenen Sandbänke inzwischen wieder weitgehend erodiert. Außerdem ist die Menge an Sedimenten im Talboden heute geringer als noch vor dem Experiment und nimmt weiter ab.

Die Kraft des Wassers: Lässt man ihr ihren natürlichen Lauf, ist sie unberechenbar. Sie führt zu Überschwemmungen, Sturzfluten und Zerstörung. Sie machte aber auch im Laufe von 30 Millionen Jahren den Colorado zu einem wilden, ungezähmten Erosionskünstler, der im Grand Canyon die Gesteine des gesamten Erdaltertums freilegte und dabei eine der faszinierendsten Landschaften der Welt schuf. Zähmt man dagegen die Kraft des Wassers, gewinnt man elektrischen Strom, lässt Trinkwasser fließen und kann aride Gebiete bewässern. Physikalisch ist es gleichgültig, wie sich die im Wasser steckende Energie äußert. Ob der Fluss erodiert oder Turbinen antreibt, die Kraft des Wassers ist immer die gleiche. Ökologisch aber spielt es eine große Rolle, ob man die Wasserkraft natürlich wirken lässt oder ob man sie zähmt. Als im Jahre 1922 der Colorado-Vertrag geschlossen wurde, stand die Nutzung der Wasserkraft zum Wohle des Menschen eindeutig im Vordergrund. Das Wohl des Menschen war damals pragmatisch mit drei einfachen Worten definiert: Strom, Trinkwasser und Bewässerung. Heute verbirgt sich dagegen hinter diesem Begriff ein komplexes Argumentationsgeflecht. Zwar will man jederzeit über elektrischen Strom verfügen, ständig soll sauberes Trinkwasser aus dem Hahn fließen, und auch im Winter will man nicht auf frisches Gemüse verzichten – aber gleichzeitig soll die Natur am besten so belassen werden, wie sie sich vor Beginn der Industriellen Revolution darbot. Mitten in diesem Spannungsfeld zwischen Komfort und Natur liegt jene Kraft, die in jedem Tropfen Wasser steckt – und von der in den weiteren Kapiteln dieses Buches die Rede sein wird.

Horst Rademacher

VERLORENE JAGDGRÜNDE

IM GESPRÄCH MIT CHIEF JOHN M. MISWAGON, PIMICIKAMAK-INDIANER

Nur selten kommt ein Besucher aus Winnipeg mit dem Auto nach Cross Lake. Wer sich zum Jagen, Fischen oder Arbeiten in das Seengebiet der kanadischen Provinz Manitoba aufmacht, hat kaum Lust auf 700 Kilometer schnurgerade Fahrbahn nach Norden mit der immer gleichen Aussicht auf sumpfige Gewässer und auf Wälder, die von immer wieder natürlichen aufflackernden und erlöschenden Waldbränden, rauchgeschwärzt sind. Geschweige denn auf das letzte, sich endlos ziehende Stück holprige Landstraße, auf die Überquerung eines breiten Gewässerarmes mit der gemächlich rumpelnden Kabelfähre und schließlich auf die einzige in den Ort hineinführende Schotterpiste: eine staubige Baustelle von vier Kilometer Länge, an deren Rand alle paar Minuten ein fahnenschwingender Arbeiter mit Gebrüll und drohenden Gesten zum Langsamfahren auffordert. Nicht nur deshalb ist es angeraten, die Ansammlung versprengter Holzhäuser an der Durchgangsstraße im Schritttempo zu durchqueren. Schon wenige hundert Meter weiter im Nordosten, dort, wo der Nelson River in den Cross Lake mündet, endet die Straße abrupt. *Dead end.* Ab hier ist endgültig Wildnis.

Die Reise, die mit dem Auto knapp neun Stunden dauert, lässt sich freilich auch in einer guten Flugstunde zurücklegen. Auf dem winzigen Rollfeld am Ufer des Cross Lake startet und landet vier Mal am Tag ein zweimotoriges Flugzeug. An Bord sind meist Männer und Frauen mit indianischen Gesichtszügen und schwarzen Aktenkoffern in der Hand. Sie fliegen oft in die Provinzhauptstadt, denn dort sitzen ihre Gegner: die Landesregierung, das Energieunternehmen ‚Manitoba Hydro Power Inc.' sowie mehr als eine halbe Million licht- und wärmeverwöhnte Stromabnehmer. Das ist knapp die Hälfte der Einwohner der riesigen zentralkanadischen Region. Wer in Manitoba etwas zu sagen hat, was viele hören sollen, muss es in Winnipeg tun. Deshalb ist der Shuttle zwischen der Provinzhauptstadt und der 5000-Seelen-Gemeinde Cross Lake oft ausgebucht. Er verkürzt den Kriegspfad der Indianer. Sie kämpfen um ihre verlorenen Jagdgründe.

Schauplatz dieses Kampfes sind seit mehr als 30 Jahren Gerichtssäle, Büros und die Tagungsräume der großen Hotels im Wirtschafts- und Finanzzentrum von Winnipeg am Ufer des Red River. Mittendrin liegt das Carlton Inn, das Hauptstadtquartier der Pimicikamak aus Cross Lake. In Sichtweite der hoch aufragenden Konzernzentrale von ‚Manitoba Hydro' haben die „Indigenous People", wie sich die „Eingeborenen" in trotziger Opposition zum politisch korrekten „First Nations" nennen, ganze Zimmerfluchten gemietet, um sich auf Anhörungen vorzubereiten, Verhandlungsstrategien auszuklügeln, Um-

Am Jenpeg-Staudamm im südlichen Manitoba County finden die Pelikane reiche Jagdgründe.

weltaktivisten zu briefen und Journalisten aus aller Welt zu treffen. Mit nur 6500 Angehörigen sind die Pimicikamak ein kleiner Stamm unter den insgesamt rund 115 000 Abkömmlingen der indianischen Ureinwohner in Manitoba. Aber sie haben sich mit Chief John M. Miswagon einen schwergewichtigen und streitbaren Beschwerdeführer gewählt. Seit acht Jahren regiert der frühere Fischer und Medizinmann im Administration Building von Cross Lake, dem imposantesten Gebäude des Ortes, vor dem Tag und Nacht die Flagge der Pimicikamak weht.

Von seinen Kontrahenten als verbohrt, von seinen Anhängern als hartnäckig bezeichnet, lässt der 40-Jährige das Klagelied der Indianer weit über die Grenzen der kanadischen Provinz hinaus ertönen: „Seit vielen Generationen haben die Pimicikamak die lebensspendenden Elemente unseres Landes respektiert und genossen.“ Zornig wirft John Miswagon seinen Haarschopf nach hinten und hebt beschwörend die Stimme. „Doch seit dem Bau von Staudämmen am und unterhalb des Nelson River wendet sich das Wasser gegen uns. Die Bäume verfaulen, die Fische sterben, die Tiere des Waldes ziehen auf immer davon. In dieser Welt können wir nicht überleben. ‚Manitoba Hydro‘ bricht uns das Herz.“

Die Anklage richtet sich an ein Doppelgesicht. Mit ‚Manitoba Hydro‘ beschuldigen die Indianer auf der einen Seite den provinzeigenen Energiekonzern ‚Manitoba Hydro Power‘, die Ressourcen des Landes ungehemmt auszubeuten. „Kein Mensch hat das Recht, das Land zu zerstören“, empört sich der Chief und wiederholt das Mantra der Indianer: „Gott hat uns Mutter Erde, die Bäume, die Tiere und das Wasser gegeben, um es zu schützen. Das ist das Gesetz der Indigenous People. Wir sind die Bewahrer des Landes.“ Deshalb steht ‚Manitoba Hydro‘ im weiten Sinn auch für den massiven Ausbau der Wasserkraft im nördlichen Teil der Provinz, für den hochfahrenden Eingriff der kanadischen Baumeister und Ingenieure in die Natur und für das Zurückdrängen der Kultur der Ureinwohner. ‚Manitoba Hydro‘ ist für die Pimicikamak gleichermaßen Schlachtruf wie Totenklage – und eine noch immer offene Rechnung mit dem weißen Mann.

In den späten 60er Jahren hatte ‚Manitoba Hydro Power‘ ein gewaltiges Engineeringprojekt aufgesetzt: In mehrjähriger Bauarbeit wurde der nördliche Streckenabschnitt des Churchill River mit dem weiter südlich fließenden Nelson River zusammengeführt. Danach zog die Gesellschaft entlang dem Nelson eine Kette von Staudämmen und Kraftwerken hoch. Planmäßig ergoss sich das Wasser der aufgestauten Flüsse über mehr als 50 000 Quadratmeilen kanadischer Prärie- und Waldgebiete, ungefähr ein Viertel der gesamten Landfläche Manitobas. Aufgefangen und gleichsam in einem natürlichen Tank gespeichert wird es schließlich im Lake Winnipeg, dem siebtgrößten Frischwasserreservoir Nordamerikas vor den Toren der Provinzhauptstadt. Wenn der Energiebedarf hoch ist, also in den Wintermonaten, unterbinden die Staudämme den Zufluss vom Nelson River in den Lake Winnipeg. Mit Turbinen und Generatoren wird die Kraft der anrollenden Wassermassen in Kraftwerken wie Jenpeg, kaum zehn Kilometer unterhalb von Cross Lake, in Zaum gehalten, in elektrische Energie umgewandelt und über Land zu den Umspannwerken im Süden geleitet.

Für die Pimicikamak bedeutet das mehr als nasse Füße, wenn sie am Rand des Nelson River – in ihrer Sprache: *Kichisipi*, der Leben Spendende – oder Cross Lake fischen wollen. „Das gestaute Wasser lässt die Uferzonen erodieren und hat Hunderte von Tonnen Geröll gelöst“, klagt Chief Miswagon. „Es setzt gefährliche Biogase frei und erhöht dramatisch den Treibhauseffekt. Außerdem spült das Wasser Schadstoffe wie Quecksilber aus dem Erdreich in das Grundwasser. Immer mehr Menschen hier im Ort erkranken an Diabetes.“ Der Häuptling ist sich ganz sicher, dass das Wasser daran Schuld hat. Vor Beginn seiner Politikerkarriere versorgte er die Pimicikamak mit selbst gemachten Heilmitteln aus Pflanzen der umliegenden Wälder. Demonstrativ zieht der Indianer eine Filmdose mit gepressten Kräutern aus seiner Hosentasche. „Das ist die beste Medizin“, beteuert er, „ich habe sie immer bei mir, und ich war noch nie krank. Aber bald gibt es keine Heilpflanzen mehr für uns. Durch die Überschwemmungen ist der Boden krank geworden.“ Davon hätten die Manager des Energiekonzerns kein Wort gesagt, als sie Anfang der 70er Jahre mit den Stammesältesten über den Bau des Jenpeg-Staudammes verhandelten. „Einige von uns erinnern sich noch gut daran, wie ein Vertreter von ‚Manitoba Hydro‘ einen Kugelschreiber hochhielt und versprach: ‚Höchstens um diese Spanne wird der Wasserspiegel steigen.‘“ Aber nun stei-

Der 6500-Seelen-Ort Cross Lake ist die heimliche Hochburg des Indianer-Widerstandes gegen die Wasserkraft.

ge der Pegel des Cross Lake jedes Jahr um 15 Zentimeter und schwanke außerdem kräftig je nach Saison. Das nehme den Pimicikamak die Existenzgrundlage. „Im Sommer, wenn die Fische Nachwuchs haben, lassen sie den Wasserstand sinken", erklärt der Chief. „Die Tiere finden nicht genug Nahrung und ziehen fort. Wovon sollen wir leben? Als ich ein Junge war, hatten wir Weißfisch zu Mittag und Barsch zum Abendessen. Heute dürfen wir höchstens zwei Mal im Monat Fisch essen, ohne unsere Gesundheit zu riskieren. Selbst die Fische werden krank."

Seit Menschengedenken von Beruf Fischer, Jäger und Trapper, wissen die Pimicikamak heute weder, wovon sie sich ernähren, noch, womit sie ihren Lebensunterhalt bestreiten sollen. Das einst in reicher Population vorhandene Rotwild, Biber, Kaninchen und Elche, erzählt John Miswagon, wanderten wegen des sumpfigen Bodens in benachbarte Territorien ab. Für Ackerbau sei es zu feucht, für Forstwirtschaft fehlten Maschinen und Transportfahrzeuge. Und unter der Rubrik *Business* sind in Cross Lake vollzählig gelistet: ein Bauunternehmen, eine Radiostation, ein Supermarkt, eine Tankstelle, zwei Taxibetreiber und die Cross Lake Alkohol Planning Group, eine vom Staat eingesetzte Gesellschaft zur Verhinderung von Alkoholmissbrauch.

Die Eingeborenen in Cross Lake verteilen sich auf rund 1000 vereinzelt stehende Häuser

„Einige von uns erinnern sich noch gut daran, wie ein Vertreter von ‚Manitoba Hydro' einen Kugelschreiber hochhielt und versprach: ‚Höchstens um diese Spanne wird der Wasserspiegel steigen.'"

mit erkennbarem Ausbesserungsbedarf und im Schnitt fünf Bewohnern. Arbeitslosigkeit, Armut und Apathie prägen das Gesicht des Ortes. Rund 85 Prozent der Bevölkerung leben von den monatlichen *welfare cheques* aus Winnipeg. Obwohl offiziell am Ort nicht erhältlich, ist Alkohol ein Problem. Die Selbstmordrate liegt weit über der in anderen kanadischen Landstrichen. Und obwohl die Provinzregierung in Kooperation mit der indianischen Selbstverwaltung Hochschulkurse und Maßnahmen zur beruflichen Qualifizierung anbietet, verlassen mehr und mehr Stammesangehörige ihre Heimat. Wenn sie das College absolviert haben, gehen sie nach Winnipeg. Wenn sie handwerklich geschickt sind, verdingen sie sich als Wald- oder Bauarbeiter. Wenn der Chief und seine juristischen Berater die öffentliche Meinung auf ihre Seite ziehen können, kommen sie als Operator bei ‚Manitoba Hydro Power' unter.

Denn unter dem Druck von kirchlichen Gruppen, Protestmärschen von Naturschützern und Leserbriefen vorwiegend junger Weißer aus Winnipeg ringt sich der Energiemonopolist ‚Manitoba Hydro' immer wieder öffentliche Zugeständnisse an die Pimicikamak ab. „Ausbildung und 1000 Jobs hat man uns vor dem Bau von Jenpeg versprochen", sagt Chief Miswagon bitter, „aber dann wurde doch nur eine Hand voll Leute eingestellt." Für den Rundum-Betrieb eines Kraftwerkes wie Jenpeg braucht man wenig mehr als zwei Dutzend qualifizierte Männer. ‚Manitoba Hydro' sagt, die hätten sich unter den Indianern nicht gefunden. Der Chief sagt, das stimme nicht. Außerdem hätte man die schließlich trainieren können. ‚Manitoba Hydro' sagt, nur wenige Indianer hätten daran Interesse gezeigt. Der Chief sagt: „Versprochen ist nun mal versprochen."

Überhaupt, ereifert sich John Miswagon und drückt den Rücken kerzengerade durch, was hätten die Weißen den Indianern nicht alles versprochen, um sie zur Unterschrift unter den *Vertrag* zu bewegen! Jedes Kind in Cross Lake kennt die Geschichte des Northern Flood Agreement (NFA) – kurz: des *Vertrages* –, an dem sich der Konflikt entzündete und der bis heute schwelt. Der Vertrag wurde im Jahr 1977 von Kanada, Manitoba und ‚Manitoba Hydro' – den so genannten Kronparteien – sowie von den fünf betroffenen Stämmen der Cree-Indianer unterzeichnet, darunter auch von den Pimicikamak. Er sollte den Ureinwohnern einen Ausgleich für Umweltschäden und soziale Missstände garantieren, die mit dem Ausbau der Wasserkraft in Nordmanitoba einhergehen könnten. Darüber hinaus sollte das Abkommen die Schadenersatzansprüche der Cree für künftige und zum Zeitpunkt des Vertragsabschlusses unvorhersehbare Nachteile verbriefen. Im NFA ausdrücklich genannt sind Forstschäden durch Überflutung, Verschlechterung der Bodenqualität und Beeinträchtigungen der Lebenssituation der Eingeborenen. 1977 beschrieb das ein

Chief John Miswagon stört die Werbung von ‚Manitoba Hydro‘:
„Die missbrauchen uns für Folklore."

unvorstellbares Worst-Case-Szenario. Aber genau das sei mittlerweile eingetreten, behaupten die Pimicikamak. Deswegen fordern sie Wiedergutmachung von den Kronparteien – allen voran von der gut verdienenden ‚Manitoba Hydro Power‘.

„Zugegeben: Der Vertrag geht nicht sehr ins Detail", räumt John Miswagon ein. „Aber es war stets von einem fairen Deal die Rede, und wir haben daran geglaubt. Für die Indigenous People ist der Geist von Verträgen verbindlich. Uns wurden Zusagen gemacht, und wir wollen, dass sie eingehalten werden." Für die Pimicikamak, zählt er auf, ist die Erfüllung von drei Forderungen von existenzieller Bedeutung: 1. die Beseitigung des vom Wasser aus dem Boden gelösten Gesteinsabraums; 2. die nachhaltige Befestigung der Gewässerufer; 3. die vollständige Rehabilitierung aller Gewässer. „Auch zugegeben", fährt der Chief fort, „die Kosten hierfür übersteigen bei weitem den Profit, den ‚Manitoba Hydro‘ jedes Jahr einfährt. Aber der Geist des Vertrages spricht von einer fairen und äquivalenten Teilung des Gewinns. Und wir bestehen auf unserem Anteil."

Die mit dem abschnittsweise regulierten Wasserkorridor des Churchill und Nelson River über den Cross Lake bis zum Lake Winnipeg erzeugte Energie reicht aus, um die gesamte Provinz Manitoba mit Strom zu versorgen. Darüber hinaus kann ‚Manitoba Hydro Power' rund 40 Prozent der gewonnenen Energie in die Vereinigten Staaten exportieren. Und nicht nur im amerikanischen Anrainerstaat Minnesota, dessen Grenze südlich von Winnipeg nach einer knappen Autostunde erreicht ist, wächst der Hunger nach Energie weiter. Über langfristige Abnahmeverträge fließt Manitobas Strom bis weit in den Osten und Westen der USA. Die jüngsten Pläne des wirtschaftlich außerordentlich erfolgreichen kanadischen Energiekonzerns sehen daher vor, noch mehr Dämme und Kraftwerke im Norden der Provinz zu errichten und das Potenzial der Wasserkraft weiter auszuschöpfen. Mit vier von fünf Stämmen der Manitoba-Cree hat der Konzern bereits Verträge geschlossen. Nur die Pimicikamak weigern sich beharrlich und könnten damit das gesamte Projekt zu Fall bringen. Längst geht es nicht mehr um Argumente, sondern um viel Geld – und den Versuch, bei der Bevölkerung in Winnipeg Stimmung zu machen. Mit häuserbreiten Plakaten wirbt ‚Manitoba Hydro Power' bei den Großstädtern für die Nutzung der brachliegenden Wasserkraft. Für John Miswagon dagegen ist es blanker Zynismus, wenn, wie auf einem Motiv, sogar eine junge Indianerin für die Pläne des Energieunternehmens wirbt. „Die denken nicht an unser Volk", sagt er aufgebracht, „die missbrauchen uns für Folklore."

Trauer um die verlorenen Jagdgründe und das Ende ihrer kulturellen Autonomie, Ohnmacht und das Gefühl, auf der Verliererseite zu stehen, Wut auf den weißen Mann und seine juristischen Spitzfindigkeiten halten den Kampfeswillen der Indigenous People der Pimicikamak und ihres Oberhauptes aufrecht. Dabei unterstützt werden sie von religiösen Eiferern, Umweltschutzorganisationen und weiteren Interessengruppen. Mit allen Mitteln der Öffentlichkeitsarbeit und des Rechtsstaates suchen die Pimicikamak den Neubau von Dämmen und Kraftwerken zu verhindern, zumindest hinauszuzögern. Auch in Minnesota, wo die Stromverbraucher keine Ahnung davon haben, welchen Preis ihre kanadischen Lieferanten dafür zahlen, zogen die Indianer vor Gericht, um eine offizielle Anhörung zu erreichen. Darin sollte den amerikanischen Nachbarn das langsame Sterben ihres Volkes vor Augen geführt werden. Aber der Court von Minneapolis wand sich im Dezember 2003 um die Entscheidung. Er verwies den Fall zurück an die Unterzeichner des Northern Flood Agreement – an die Kronparteien und an die Cree.

Der Staat Kanada, die Provinz Manitoba und ihr Energieversorger haben bisher rund 50 Millionen kanadische Dollar aufgewendet, um den Indianern bei der Auslegung des Vertrages entgegenzukommen. Für die Pimicikamak fällt unter anderem eine neue Straße nach Cross Lake ab sowie der Bau einer Brücke, mit der die veraltete Kabelfähre endgültig in die ewigen Jagdgründe verabschiedet werden wird. Das wird es den Bewohnern von Cross Lake künftig leichter machen, mit dem Auto den Ort zu verlassen.

Aufgezeichnet von Christine Demmer

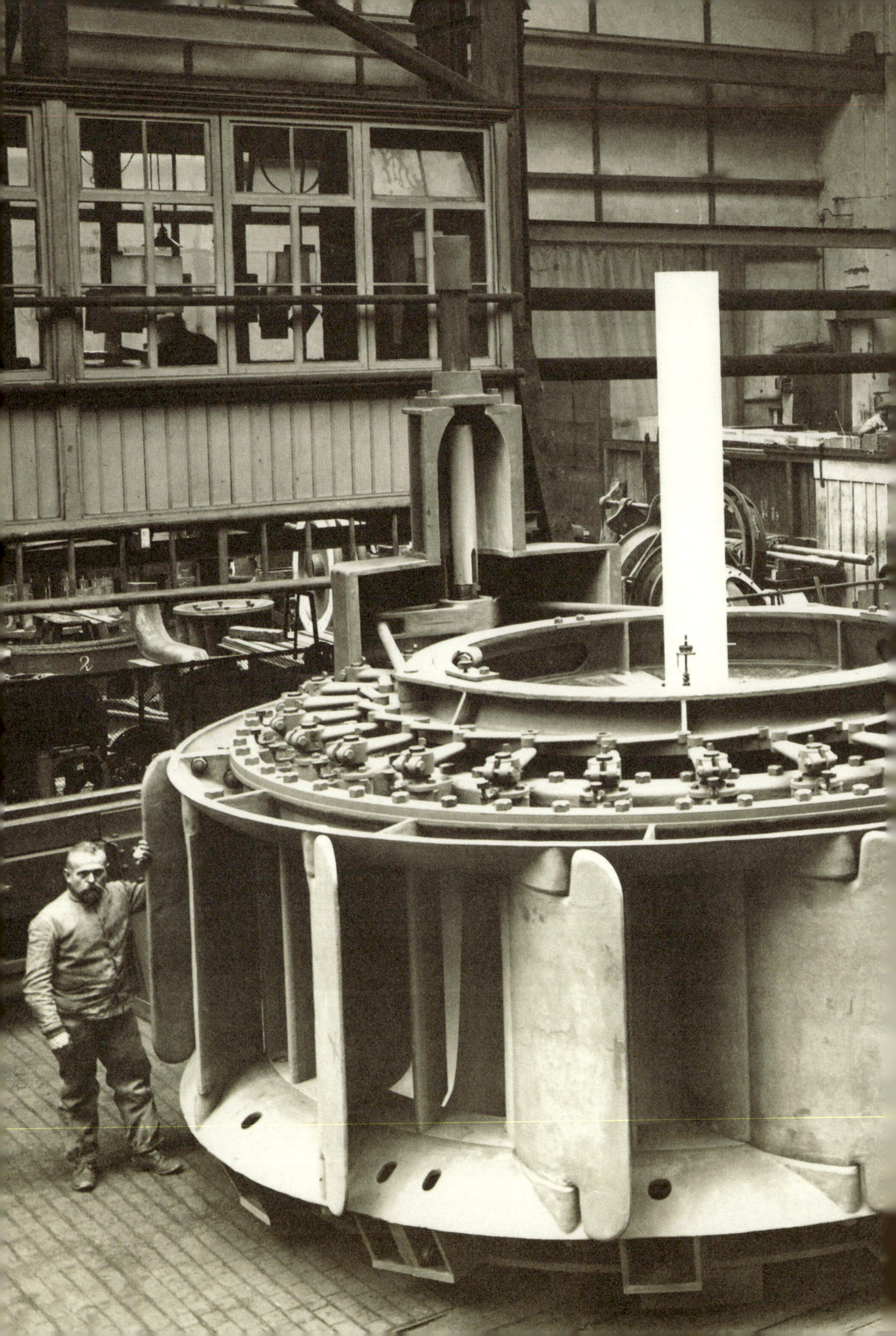

WASSER AUF DIE MÜHLEN

DIE ANFÄNGE DER WASSERKRAFTNUTZUNG

Mit dem Schaduf wurde das Wasserschöpfen erleichtert:
Durch Gewichtsverlagerung konnten wassergefüllte Behälter gehoben werden.

Die Nutzung der Wasserkräfte durch den Menschen reicht bis in die Frühgeschichte zurück. Den sich entlang von Flüssen bildenden menschlichen Zivilisationen diente das Wasser anfangs zwar vor allem zum Bewässern der Felder und war damit Basis für die Lebensmittelversorgung. Doch bereits recht früh hatten es die Menschen geschafft, die kinetische Energie fließender Gewässer für das Heben von Lasten zu nutzen. Bis es so weit war, hatte man unterschiedlichste Schöpfeinrichtungen entwickelt, von denen der „Schaduf" die mit Abstand älteste ist: Reliefzeichnungen aus der Zeit um 2500 vor Christi zeigen erstmals diese schlichte Apparatur. An einem in der Mitte gelagerten Balken sind ein Eimer und ein Ausgleichsgewicht befestigt, so dass Wasser ohne großen Kraftaufwand aus einem tiefer liegenden Gewässer gefördert werden kann. Deutlich produktiver waren die durch Pferde oder Kamele angetriebenen hölzernen Zahnräder, an denen Schöpfeimer befestigt waren. Noch heute werden mitunter diese als Persische Räder bezeichneten Anlagen eingesetzt – genauso wie die rund 200 Jahre vor unserer Zeitrechnung entwickelten Archimedischen Schrauben, die zur Zeit der Trockenlegung Hollands ihre Blüte erlebt hatten. Dabei handelt es sich um wendelförmige Schrauben, die in einem Rohr gedreht werden. Mit dieser Technik gelingt das kontinuierliche Fördern von Wasser.

Mit einer Schaduf-Treppe konnten selbst größere Höhenunterschiede überwunden werden.

Mit der Archimedischen Schraube gelang erstmals das kontinuierliche Fördern von Wasser.

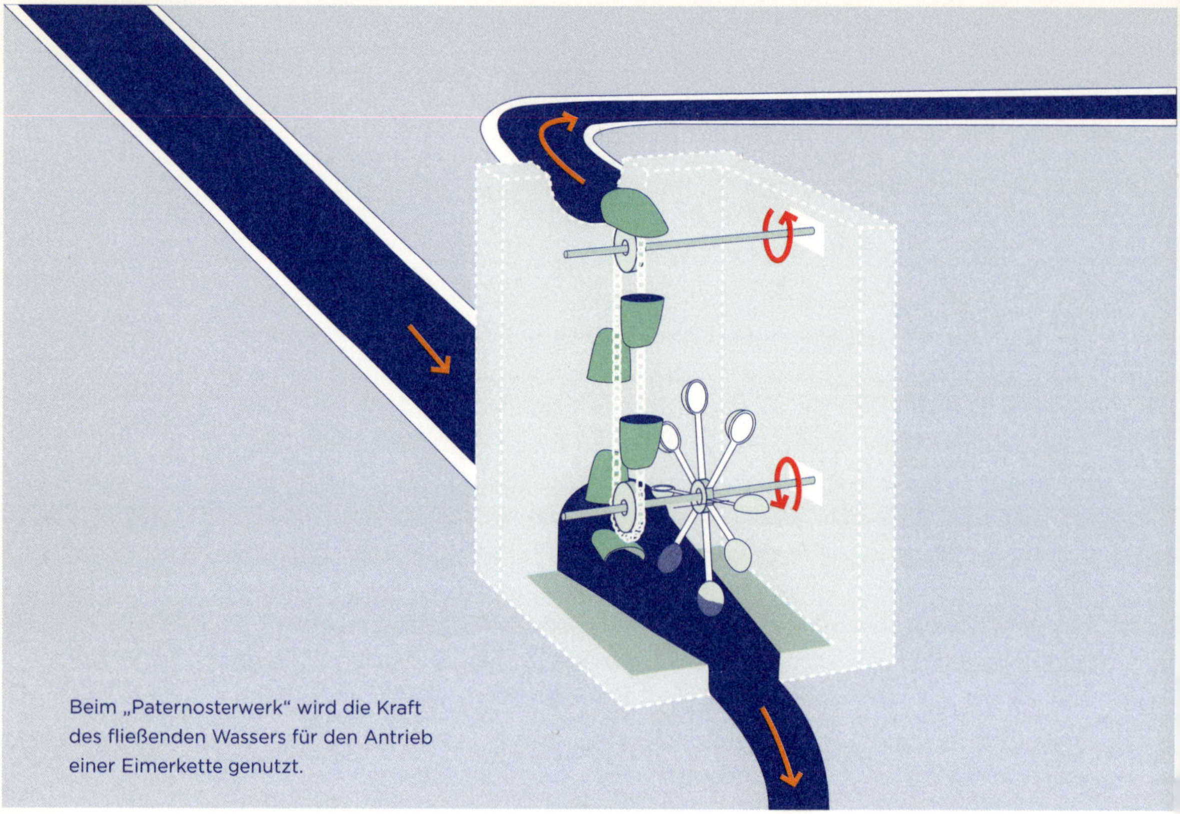

Beim „Paternosterwerk“ wird die Kraft des fließenden Wassers für den Antrieb einer Eimerkette genutzt.

Das erste von der Kraft strömenden Wassers angetriebene Schöpfrad hat gegen Ende des 3. Jahrhunderts vor Christus Philon von Byzanz beschrieben: Eine endlose Eimerkette läuft über zwei Achsen, wobei als Antriebseinheit vermutlich eine Art unterschlächtiges Wasserrad an der unteren Achse diente. Die Leistung der Anlage war durch die Stärke des Wasserstroms bestimmt. Von dem römischen Baumeister und Architektur-Theoretiker Vitruv stammt die 25 vor Christus im zehnten Band seiner „De architectura libri decem“ veröffentlichte erste detailgenaue Zusammenfassung der unterschiedlichsten Arten, Wasser zu heben. Die von ihm als „Paternosterwerk“ bezeichnete Förderanlage nahm mit den am Radumfang befestigten Behältern das Wasser aus dem Fluss auf – wurde also von der auf das Rad einwirkenden Wasserkraft angetrieben – und gab den Inhalt der Eimer dann an einem höher gelegenen Punkt ab. Damit arbeitet auch das Paternosterwerk wie ein unterschlächtiges Wasserrad, bei dem nicht das Gewicht, sondern der von dem strömenden Wasser auf die Schaufeln des Wasserrads einwirkende Impuls für dessen Antrieb verantwortlich ist.

Dass sich diese Technik anfangs nur recht schwer durchsetzen konnte, lag nicht am niedrigen Wirkungsgrad dieser Anlagen, sondern an der damals im Zuge der antiken Sklavengesellschaft billig zur Verfügung stehenden menschlichen Arbeitskraft. Erst im dritten Jahrhundert nach Christus sind in Rom größere Stückzahlen von unterschlächtig arbeitenden Wasserrädern verbrieft, die mit dem über lange Zuleitungen aus den Bergen und über hohe Aquädukte in die Stadt geführten Wasser

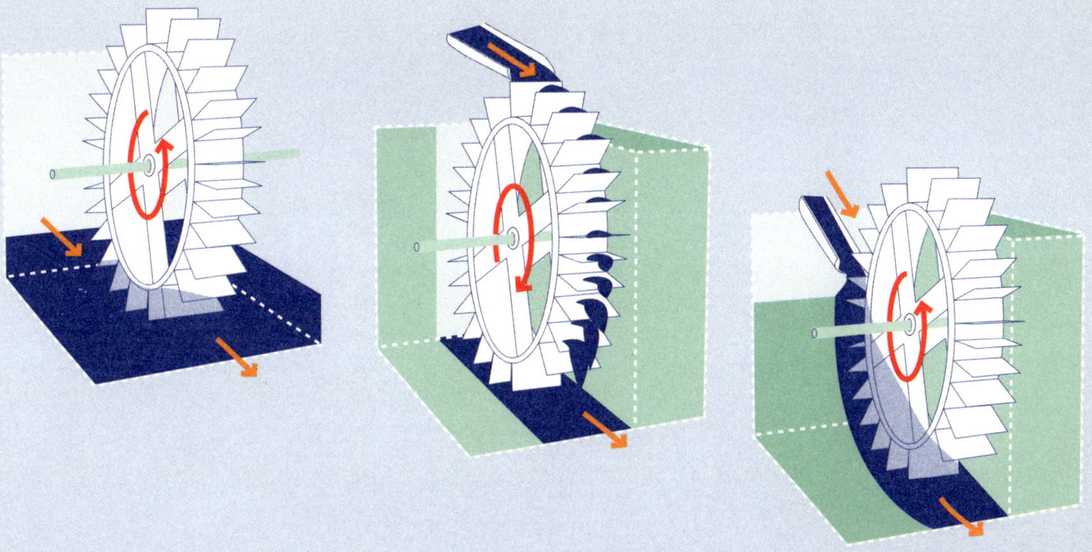

Die drei Prinzipien der Wasserräder:
Abhängig vom Angriffspunkt des Wassers unterscheidet man unterschlächtige, oberschlächtige und mittelschlächtige Wasserräder (von links).

gespeist wurden. Zur Zeit der Belagerung durch die Goten war die Abhängigkeit von der vorwiegend zum Antreiben von Kornmühlen eingesetzten Wasserkraft so groß, dass durch die Sperrung der Wasserzuleitungen eine Hungersnot drohte. Um diese abzuwenden, installierte man auf dem Tiber Flussmühlen, und zwar an den Stellen, wo das Wasser mit großer Kraft unter den Brückenbögen hindurchschoss. Unterschlächtige Wasserräder waren jeweils zwischen zwei Booten angeordnet. Mehrere dieser Schiffsmühlen waren hintereinander mit Seilen am Ufer vertäut. Auch in späteren Jahrhunderten wurden Schiffmühlen eingesetzt. So konnten im 12. Jahrhundert die Pariser unter der Grand Pont Flussmühlen bewundern und – Jahrzehnte später – arbeiteten derartige Anlagen auf der Garonne und der Loire und später dann auch auf dem Rhein.

Obwohl unterschlächtige Wasserräder nur recht schlechte Wirkungsgrade erreichen, repräsentierten sie über lange Zeit den Stand der Wasserkrafttechnik – und auch noch heute sind sie im Einsatz. Und das, obwohl bei ihnen nur rund ein Drittel der Wasserenergie auf das Rad übertragen wird. Der Grund der schlechten Ausbeute liegt unter anderem darin, dass ein Teil des Wassers neben den Schaufelflächen ungenutzt vorbeifließt und seine Geschwindigkeit hinter dem Wasserrad nicht auf null absinkt. Nur dann hätte das Wasser seine Energie komplett an das Rad abgegeben.

Wer für die Erfindung des oberschlächtigen Wasserrads verantwortlich zeichnet, ist völlig offen. Zwei Theorien werden gehandelt. Danach soll sich dieser Typ,

Fluss- oder Schiffsmühlen hatten eine vergleichsweise geringe Ausbeute: Nur rund ein Drittel der Wasserenergie wurde auf das Wasserrad übertragen.

bei dem das Wasser von oben gegen die Schaufeln geleitet wird und damit die Geschwindigkeit des Wassers ausgenutzt werden kann, aus dem mittelschlächtigen Wasserrad entwickelt haben, indem man den für die Wasserzuführung verantwortlichen Schusskanal von der Radmitte lediglich eine Stufe weiter nach oben verlegte. Die zweite Theorie sieht das oberschlächtige Wasserrad als ein auf den Kopf gestelltes Schöpfrad. Dabei wird vermutet, dass versehentlich aus der oben liegenden Abflussrinne Wasser in die Becher eines Schöpfrades zurückgeflossen ist und es dadurch zum Drehen gebracht hat. Die Energiemenge dieser ersten primitiven Wasserkraftmaschine richtet sich nach der Menge des fließenden Wassers und der Fallhöhe, die in der Regel dem Schaufelraddurchmesser entspricht. Um den erforderlichen Höhenunterschied zu erreichen, müssen meist lange Mühlenbäche angelegt werden, die das Wasser weit oberhalb der Mühle dem Fluss entnehmen. Die Investition dafür und für das die Wassermenge regulierende Stauwehr wird mit Wirkungsgraden bis zu 75 Prozent belohnt.

Die Übergänge vom Wasserrad zur Turbine sind fließend. Das zeigen sehr anschaulich die Arubah-Mühlen, die erstmals im dritten Jahrhundert nach Christi im südlichen Persien, später dann vor allem in den bergigen Regionen der Provence eingesetzt wurden. Mit ihren vertikal angeordneten Wasserrädern mit senkrecht

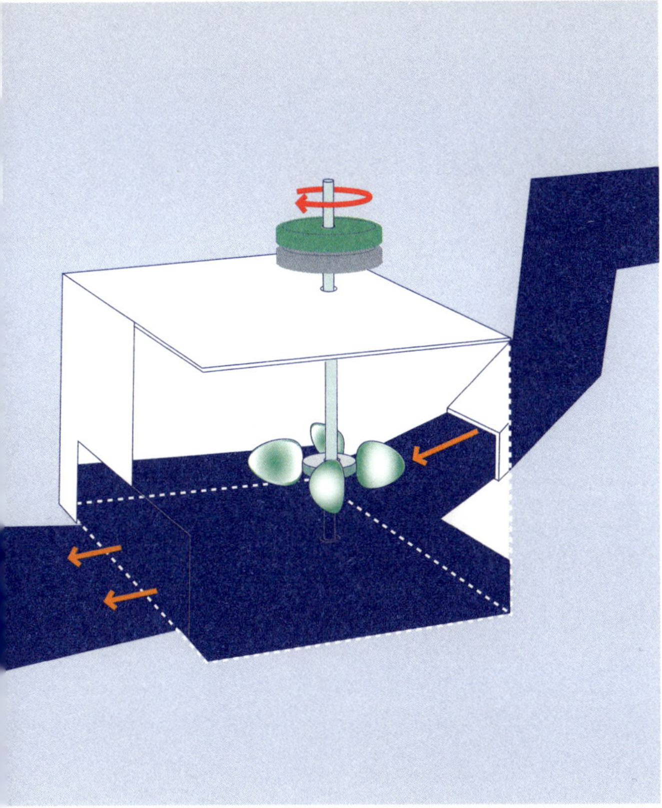

Die Arubah-Mühlen hatten mit ihren vertikal angeordneten Wasserrädern bereits Ähnlichkeit mit modernen Turbinenanlagen.

Johann Andreas von Segner baute die erste Überdruckmaschine, nach einem Prinzip, das heute noch bei Rasensprengern verwendet wird.

stehenden Achsen hatten sie bereits große Ähnlichkeit mit modernen Turbinenanlagen. Man nutzte große natürliche Gefälle und leitete einen zusammengefassten Wasserstrahl auf die löffelförmigen Schaufeln. Zudem hatten sie den klaren Vorteil, dass der darüber liegende Mahlstein direkt und ohne Kupplung angetrieben werden konnte.

Die Entwicklung von Wasserturbinen, die diese Bezeichnung auch verdienten, begann erst Mitte des 18. Jahrhunderts, als der aus Pressburg stammende Arzt und Physiker Johann Andreas von Segner die erste Überdruckmaschine baute. Mit herkömmlichen Wasserrädern hatte seine Konstruktion keine Ähnlichkeit mehr. Der rotierende Teil bestand aus Rohren, die hakenkreuzförmig zusammengesteckt waren. Durch die düsenförmigen Öffnungen an den Enden der Rohre strömte das Wasser aus, und durch den erzeugten Rückstoß setzte sich das kreuzförmige Wasserrad in Bewegung. Obwohl dieses Prinzip heute nur noch als Rasensprenger Verwendung findet, hat es die Turbinentechnik dennoch maßgeblich beeinflusst. Denn die Segner-Turbine hat den Physiker und Mathematiker Leonhard Euler veranlasst, sich grundlegend mit der optimalen Umwandlung hydraulischer Energie in mechanische Arbeit zu befassen. 1751 entwickelte Euler die nach ihm benannte „Turbinengleichung" (sie beschreibt den Zusammenhang zwischen der Wasserströmung und der Leistung

1832 erhielt der Franzose Benoît Fourneyron ein Patent für seine Wasserturbine, mit der das Zeitalter der modernen Wasserkraftnutzung begann.

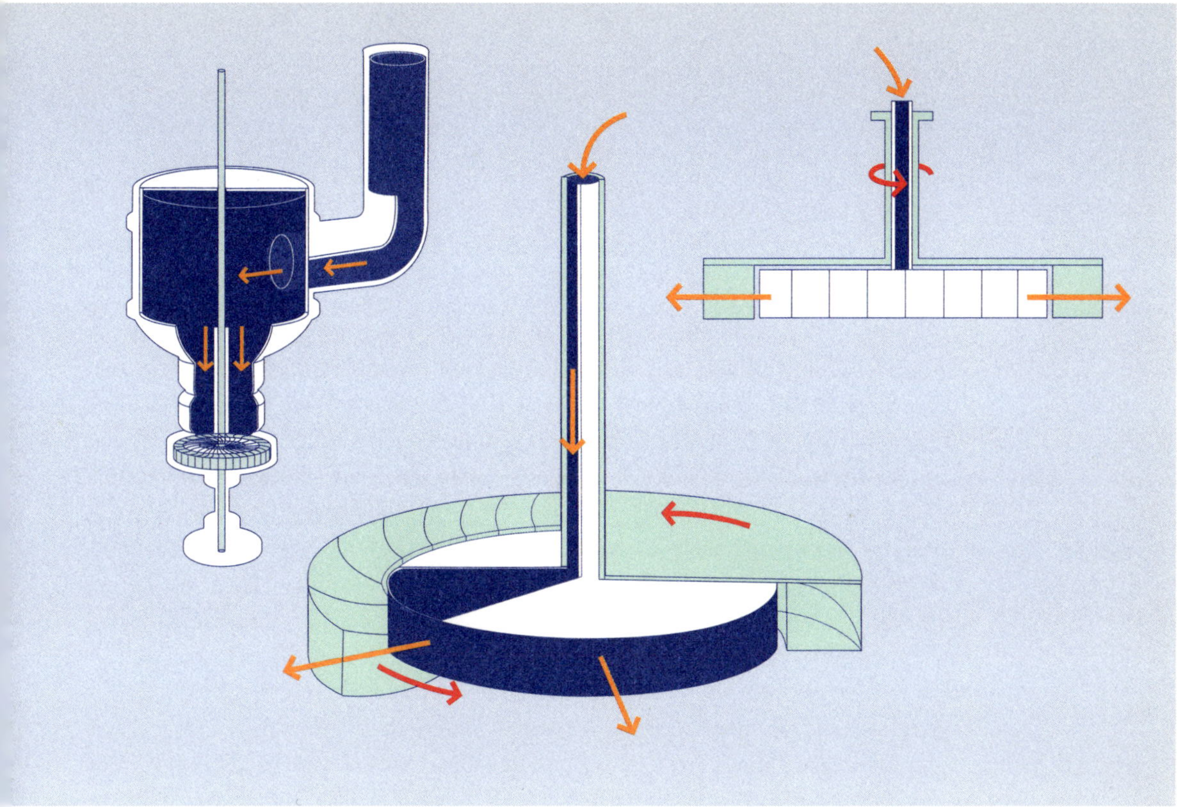

Bei der Fourneyron-Turbine stand das Innere der beiden konzentrischen Räder still. Ihm fiel die Aufgabe zu, das von oben einströmende Wasser so in die Horizontale umzulenken, dass es in das außen sitzende Laufrad einströmen und es damit antreiben konnte.

der Turbine) und schlug vor, ein Leitrad über dem Turbinenrad anzuordnen. Er gilt damit als Erfinder der Leitvorrichtung, einem wesentlichen Bestandteil moderner Wasserturbinen.

Euler war mit seinen Erkenntnissen zur Strömungs- und Turbinentheorie der technischen Entwicklung weit voraus. Zwar wurden in den Folgejahren mit Reaktionsturbinen zahlreiche Versuche angestellt, doch waren sie effizient arbeitenden oberschlächtigen Wasserrädern weit unterlegen. Erst als sich ein halbes Dutzend französischer Wissenschaftler, angespornt durch den Erfolg der von dem Schotten James Watt entwickelten und damals zu ihrem Siegeszug antretenden Dampfmaschine, mit den Druckverhältnissen an den Turbinenrädern und den Strömungswiderständen an den Zuleitungen befasste, machte diese Technik langsam Fortschritte.

Es war dann der französische Mathematiker und in einem auf Wasserkraft angewiesenen Blechwalzwerk als Chefingenieur arbeitende Benoît Fourneyron, der an der von ihm gebauten knapp 1,4 Meter hohen Turbine einen bis dahin unerreicht hohen Wirkungsgrad erzielte. Diesem Schritt, der als die Geburtsstunde der modernen Wasserturbine gilt, waren zahlreiche Versuche, Veränderungen an den eingesetzten Materialien und den Strömungsverhältnissen vorausgegangen.

Das Besondere der Fourneyron-Turbine waren zwei konzentrische Räder, von denen das innere fest stand und die von Euler angeregte Rolle eines Leitapparates übernahm. Seine Aufgabe war, das in Achsrichtung einströmende Wasser möglichst optimal auf das Laufrad zu leiten. Dieses äußere Rad war drehbar gelagert: Das Wasser strömte von oben in den Leitapparat ein, wurde hier radial nach außen in das Laufrad geleitet und versetzte es in Rotation, bevor es anschließend zentrifugal abgeleitet wurde. Das Laufrad war mit einer Welle fest verbunden, über die die Kraftübertragung zu einem nachgeschalteten Getriebe erfolgte.

Im Jahre 1832 erhielt Fourneyron für seine Wasserturbine ein Patent. Bereits drei Jahre später wurde die erste kommerzielle Anlage installiert. Und zwar in St. Blasien im Schwarzwald, wo eine Fourneyron-Turbine eine Höhendifferenz von 108 Metern nutzte und bei 2300 Umdrehungen in der Minute eine Leistung von 29,4 kW (40 PS) abgab. Das entsprach etwa dem fünffachen Wert der damals bekannten Wasserkraftanlagen. Fourneyron hatte mit dieser Maschine die erste Hochdruckturbine gebaut: Das der Turbine zufließende Wasser konnte nicht in einer offenen Rinne geführt werden, sondern musste durch eine eiserne Rohrleitung transportiert werden, die mit dem ebenfalls geschlossenen Turbinenschacht verbunden war.

Obwohl in den Folgejahren weit über 100 Fourneyron-Turbinen verkauft werden konnten und damit ein wichtiger Durchbruch für die moderne Wasserkraftnutzung erzielt wurde, tauchten recht bald erste Mängel dieser grundlegenden Erfindung auf und bremsten ihre weitere Verbreitung. So stellte sich heraus, dass die Turbine die Energie des Wassers nur unvollständig ausnutzen konnte.

Um diesen Nachteil auszuschließen, schlug Jean-Victor Poncelet vor, die Anordnung von Leitapparat und Laufrad einfach umzudrehen. Er setzte den Leitapparat nach außen und das Laufrad nach innen. Das Wasser floss nun von außen auf die Achse des Turbinenrads zu: ein Gedanke, der Jahre später von dem Amerikaner Bicheno Francis bei der nach ihm benannten Turbine aufgegriffen wurde.

Doch bis die erste Francis-Turbine gebaut war, hatte der auch als Eisenbahnkonstrukteur bekannte deutsche Techniker Carl Anton Henschel 1837 eine völlig andere Möglichkeit gefunden, störende Turbulenzen weitgehend zu unterdrücken. Henschel baute eine axiale Überdruckturbine, bei der der Leitapparat oberhalb des Laufrades lag. Das aus dem Laufrad strömende Wasser wurde durch ein zentrales Saugrohr, das in das Unterwasser eintauchte, nach unten abgeführt. Damit war das abfließende Wasser vom Atmosphärendruck abgeschnitten; die Saugwirkung und damit auch die Turbinenleistung konnten so noch weiter gesteigert werden. Später wurden übrigens alle Reaktionsturbinen mit einem Saugrohr ausgestattet. Die oft sehr hohen Austrittsgeschwindigkeiten des Wassers aus dem Laufrad ließen sich so verlustarm reduzieren.

Nachdem vor allem in Frankreich, später dann auch in Deutschland und Russland die Turbinentechnik weit vorangebracht wurde, verlagerte sich Mitte des 19. Jahrhunderts im Zuge einer zunehmenden Industrialisierung die Suche nach immer leistungsfähigeren Turbinentypen nach Nordamerika. Dabei konnten die dort geleisteten Arbeiten auf eine umfassende praktische und theoretische Basis zurückgreifen, die wesentlich auch von den beiden deutschen Maschinenbauprofessoren Ferdinand Redtenbacher und Julius Weisbach geprägt war. Diese beiden formulierten in den 40er Jahren des 19. Jahrhunderts eine Turbinentheorie, mit der einige bis dahin ungelöste Fragen beantwortet werden konnten: Dank ihrer Arbeiten wurde es nun möglich, die allmähliche Energieumsetzung des auf die Turbinenschaufeln auftreffenden Wassers genauso zu berechnen wie die jeweils zu erzielende Energieausbeute. Ihre Arbeiten hatte viele Jahre Bestand und prägten entscheidend die weitere Entwicklung der Wasserkrafttechnik.

TURBINEN WERDEN ZU KRAFTVOLLEN ARBEITSMASCHINEN

FRANCIS-TURBINE

Ein noch heute nachhallender Paukenschlag in der Entwicklungsgeschichte der Wasserkrafttechnik gelang 1849 dem amerikanischen Ingenieur James Bicheno Francis – und das, ohne dass er etwa eine grundlegend neue Erfindung nutzte. Vielmehr griff er bei seinen mehrere Jahre dauernden Versuchen auf damals verfügbare Erkenntnisse zurück, als er nicht nur Wehre, Kanäle und Wasserleitungen, sondern auch unterschiedlichste Turbinentypen zu optimieren begann. Die ersten beiden als centre-vent-water-wheel bezeichneten Francis-Turbinen wurden von dem Konstrukteur in einer Baumwollspinnerei eingebaut. Sie leisteten bei maximaler Wasserzufuhr 100 kW (136 PS) und hatten einen Wirkungsgrad von 80 Prozent, der aber deutlich absank, wenn die einströmende Wassermenge zurückging.

Und so war die erste Francis-Turbine aufgebaut: Das Wasser wurde über einen die Turbine umgebenden Ringkanal und einen sich anschließenden Leitapparat seitlich zugeführt, der dem Wasser die günstigste Strömungsrichtung hin zum Laufrad gab. Das Laufrad selbst war mit räumlich gekrümmten Schaufeln bestückt, die fast den gesamten Raum zwischen Leitapparat und Laufradaustritt ausfüllten.

Doch erst zwei nicht unwichtige Verbesserungen verhalfen diesem Turbinentyp zu seinem großen Erfolg. Man veränderte die Geometrie des Laufrades so, dass das Wasser bereits im Laufrad in die axiale Richtung des Saugrohrs umgelenkt wurde.

Anzahl und Geometrie der Schaufeln einer Francis-Turbine sind für eine bestimmte Wassermenge ausgelegt. Sie erreicht ihre größte Leistung, wenn sie genau von der Auslegungswassermenge durchströmt wird.

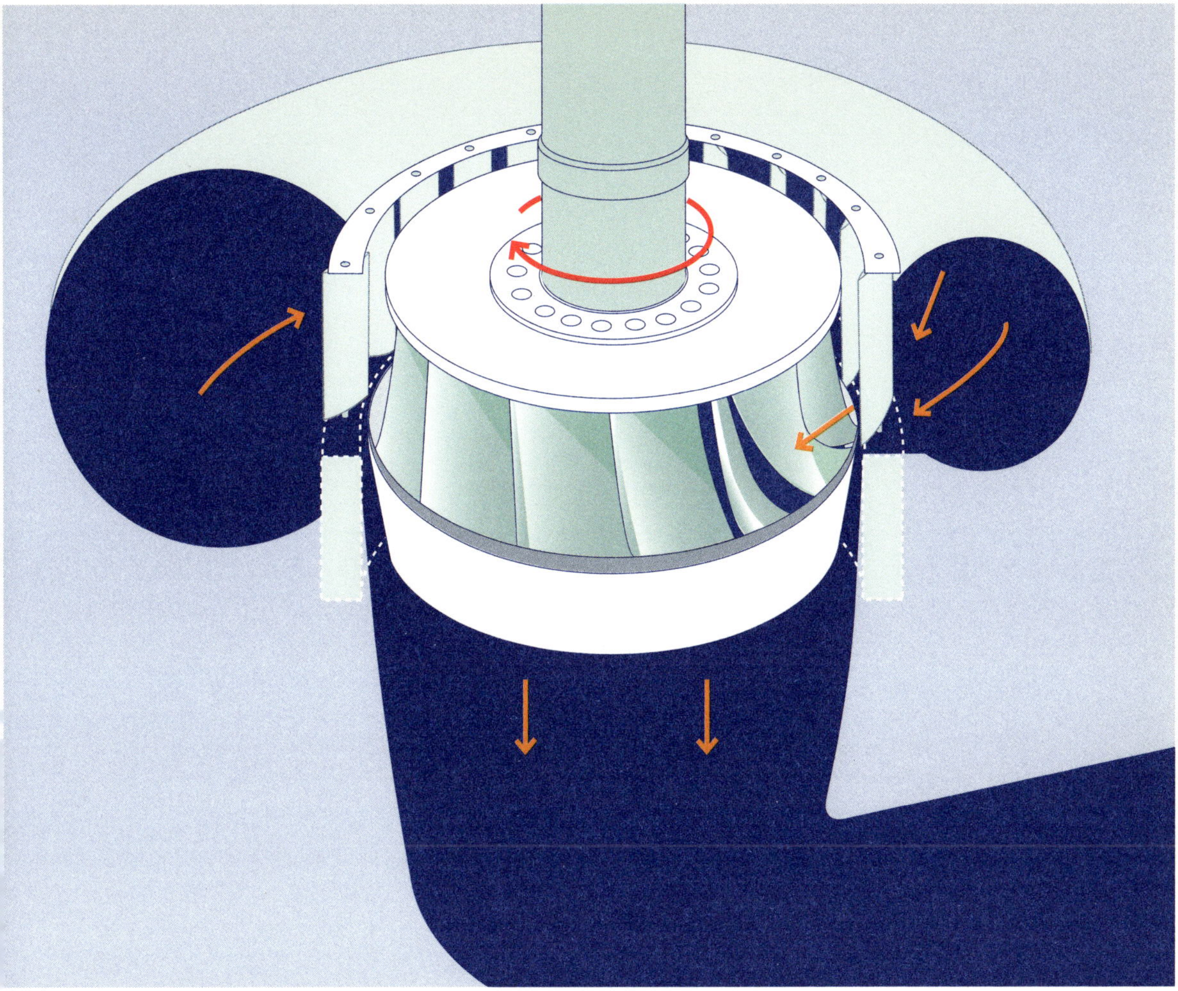

Das Wasser wird über den die Turbine umgebenden Ringkanal (Spiralgehäuse) und den sich anschließenden Leitapparat zugeführt. Im Laufrad ändert das Wasser seine Fließrichtung; es wird in die axiale Richtung des Saugrohrs umgelenkt.

Doch mindestens so wichtig waren die Veränderungen am Leitapparat. Denn erst als man es schaffte, die Schaufeln des Leitrades verstellbar anzuordnen, konnte man auf Wasser- und Belastungsschwankungen reagieren.

Jede Turbine ist für eine bestimmte Wassermenge gebaut und erreicht dann ihren besten Wirkungsgrad, wenn sie genau von der Auslegungswassermenge durchströmt wird. Durch das Verstellen der Leitschaufeln kann die Wassermenge und damit die Leistung verändert werden, wobei bei größeren als auch bei kleineren Wassermengen als der Auslegungswassermenge der Wirkungsgrad der Turbine leicht zurückgeht. Das Einstellen der Wassermenge wird vom Turbinenregler gesteuert. Je nachdem welche Leistung vom Lastverteiler des Stromnetzes angefordert wird, gibt der Regler Befehl Drucköl, auf die Öffnungs- oder Schließ-Seite des Verstell-Servomotors zu geben, um damit den Leitapparat zu verstellen.

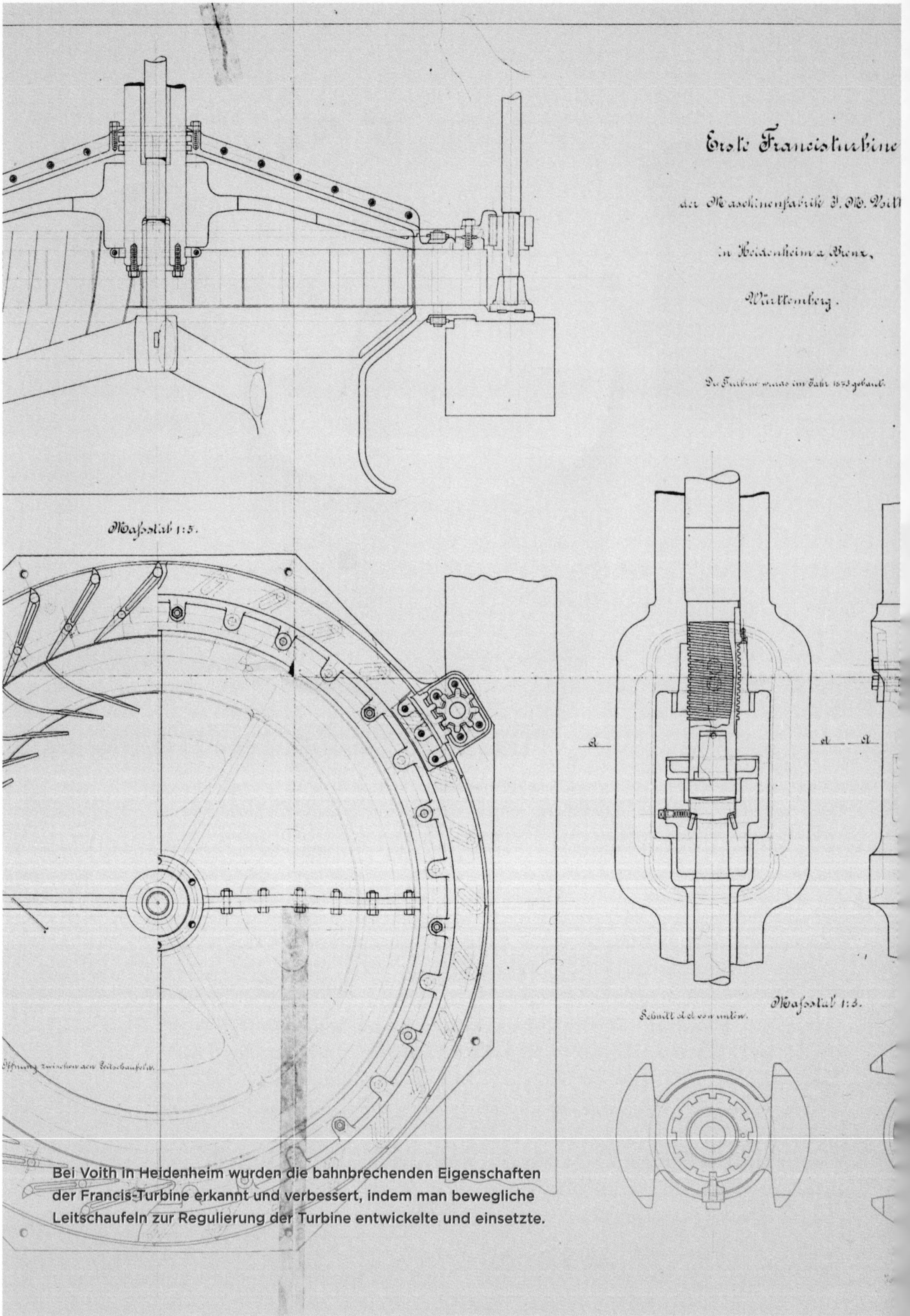

Bei Voith in Heidenheim wurden die bahnbrechenden Eigenschaften der Francis-Turbine erkannt und verbessert, indem man bewegliche Leitschaufeln zur Regulierung der Turbine entwickelte und einsetzte.

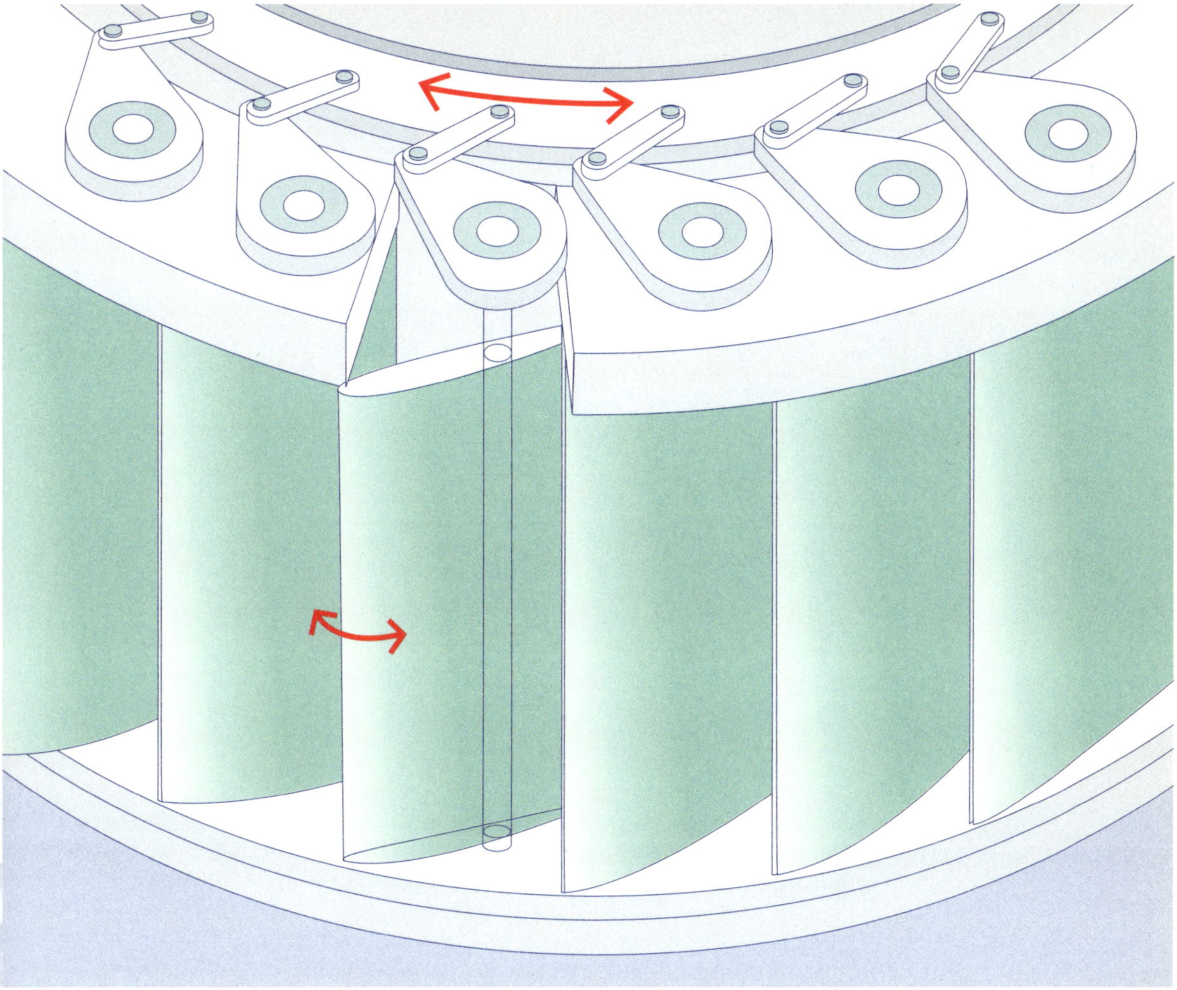

Durch Verstellen der Leitschaufeln kann die in das Laufrad strömende Wassermenge und damit die Leistung der Turbine verändert werden.

Die Erfindung der Lastverstellung für die Turbinen teilten sich der Engländer James Thomas und der Berliner Hochschullehrer Carl Ludwig Fink: Die Leitschaufeln waren um ihre Mittelachse drehbar gelagert und ihre äußeren Enden mit Winkelhebeln an einem Regulierring befestigt. Wenn dieser Ring gedreht wurde, änderte sich synchron die Stellung der Leitschaufeln. Je nach Drehrichtung konnte so der Leitapparat geöffnet oder geschlossen werden.

Francis-Turbinen haben ein breites Einsatzspektrum. Sie sind für große und kleine Wassermengen und Gefälle geeignet. Man kann sie bis Fallhöhen über 600 Meter einsetzen. Lediglich für sehr geringe Fallhöhen sind sie nicht geeignet.

JAMES BICHENO FRANCIS (1815–1892)

Der am 15. Mai 1815 im englischen Southleigh geborene James Bicheno Francis bekam seine ersten technischen Grundkenntnisse von seinem Vater vermittelt, der Direktor einer kleinen Bahn im Süden von Wales war und sich seinen 14-jährigen Sohn als Gehilfen holte. Doch mehr als die Eisenbahn interessierten den jungen Francis Wasserbauwerke, so dass er sich wenig später beim Bau des Great-Western-Kanals in Devonshire verdingte. So vorgebildet wanderte Francis als 18-Jähriger nach Amerika aus, wo er sich anfangs mit dem Nachbau einer importierten englischen Stephenson-Turbine befasste. Sein Arbeitgeber war die Locks- und Canal-Company on the Merrimack-River in Lowel, Massachusetts, die die in dieser Region entstehenden großen Textilkomplexe mit Wasser versorgte. Diese Gesellschaft beauftragte Francis, das Wasserkraftpotenzial am Merrimack besser zu nutzen, wobei er ein umfassendes Schleusen- und Kanalsystem entwickelte. Ein von ihm im Zuge dieser Arbeiten realisierter Damm stieß anfangs auf Unverständnis, bewahrte aber nur zwei Jahre nach dem Abschluss der Arbeiten die Stadt Lowel mit ihren Fabrikanlagen vor einer Springflut. In einem dieser Betriebe, der Boot-Baumwollspinnerei, installierte Francis die ersten von ihm entwickelten Turbinen, die er „centre-vent-water-wheels" nannte, was so viel wie „Radialturbine mit äußerer Beaufschlagung und innerem Wasseraustritt" heißt. Francis ließ das Wasser radial in die Turbine einströmen, also direkt auf die Achse zu, bis es dann durch die Krümmung der Turbinenschaufeln nach unten angelenkt wurde und damit seine Kraft verlor. Bis zu seinem 74. Lebensjahr stand Francis in den Diensten der Kanalgesellschaft. Doch auch noch danach war sein technischer Sachverstand gefragt. Der vielfach ausgezeichnete Ingenieur starb am 18. September 1892.

Francislaufrad aus dem Jahr 1920: Mit ihm wurde elektrischer Strom für eine heute zum UPM Kymmene Konzern gehörende Papierfabrik in Kuusankoski im Südosten Finnlands erzeugt.

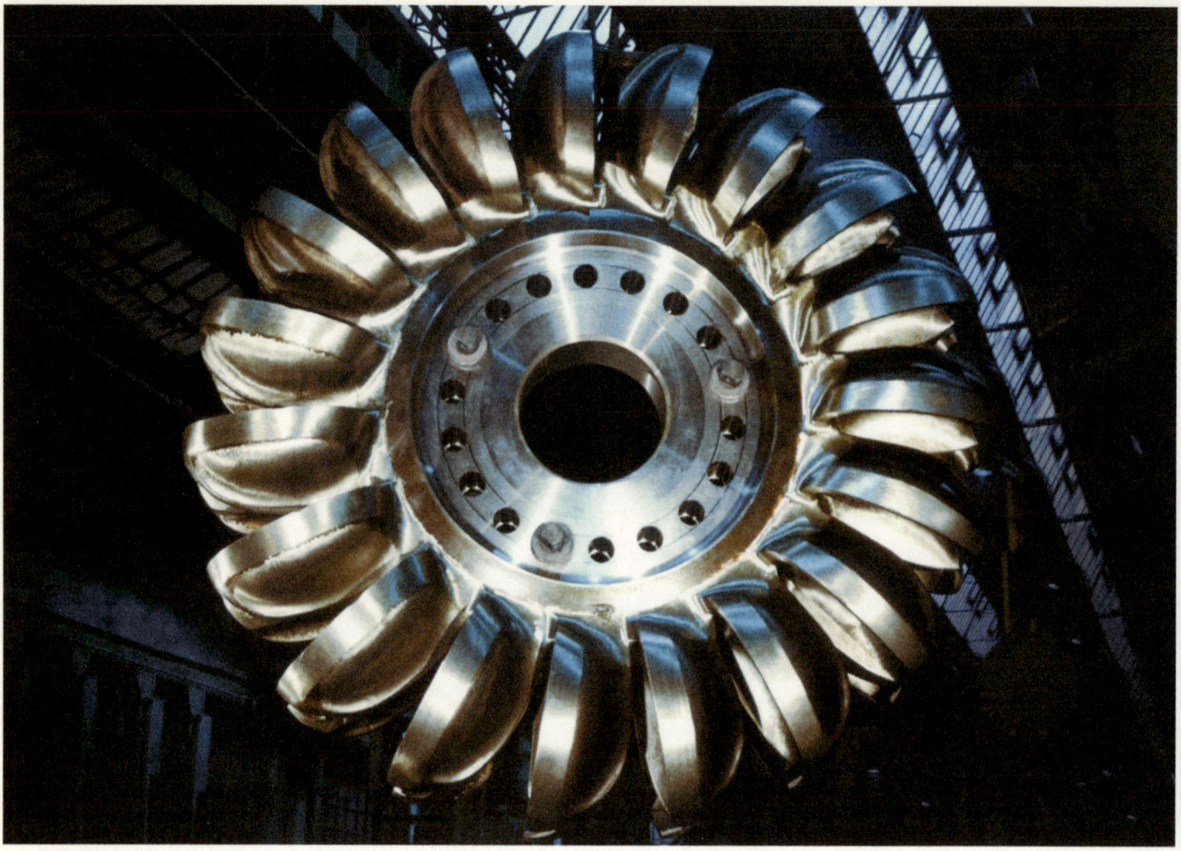

Die Pelton-Turbine hat durchaus Ähnlichkeit mit einem klassischen Wasserrad.
Aus bis zu sechs Düsen spritzt das Wasser auf die becherförmigen Schaufeln.

PELTON-TURBINE

Während die Francis-Turbine nur wenig Ähnlichkeit mit den Wasserrädern des Mittelalters hat, springt diese Verwandtschaft bei von dem vom Goldrausch gepackten und als Goldgräber gescheiterten Amerikaner Lester A. Pelton entwickelten Turbinenrad sofort ins Auge. Die Pelton-Turbine gehört eindeutig zur Gattung der unterschlächtigen Wasserräder, obwohl sie mit diesem völlig druckfrei und nur „teilbeaufschlagtem" Antrieb nicht viele Gemeinsamkeiten hat.

Pelton, der sich seinen Lebensunterhalt mit der Konstruktion unterschiedlicher Hilfsgeräte für die Goldgräberei verdiente, experimentierte dabei auch mit damals als Hurdy-Gurdy-Räder bekannten – und ursprünglich aus Holz – gefertigten Wasserkraftmaschinen. Es handelte sich dabei um Räder mit sehr eng stehenden Schaufeln, die von einem Wasserstrahl tangential angeströmt wurden. Der Wirkungsgrad dieser Maschinen war schlecht, da die Schaufeln von dem Wasser nur angestoßen wurden.

Vermutlich kam Pelton bei seiner Erfindung der Zufall zur Hilfe. Als eines seiner mit gekrümmten Schaufeln ausgestatteten Turbinenräder auf der Welle ein Stück zur Seite rutschte und deshalb das Wasser nur den äußeren Rand der Schau-

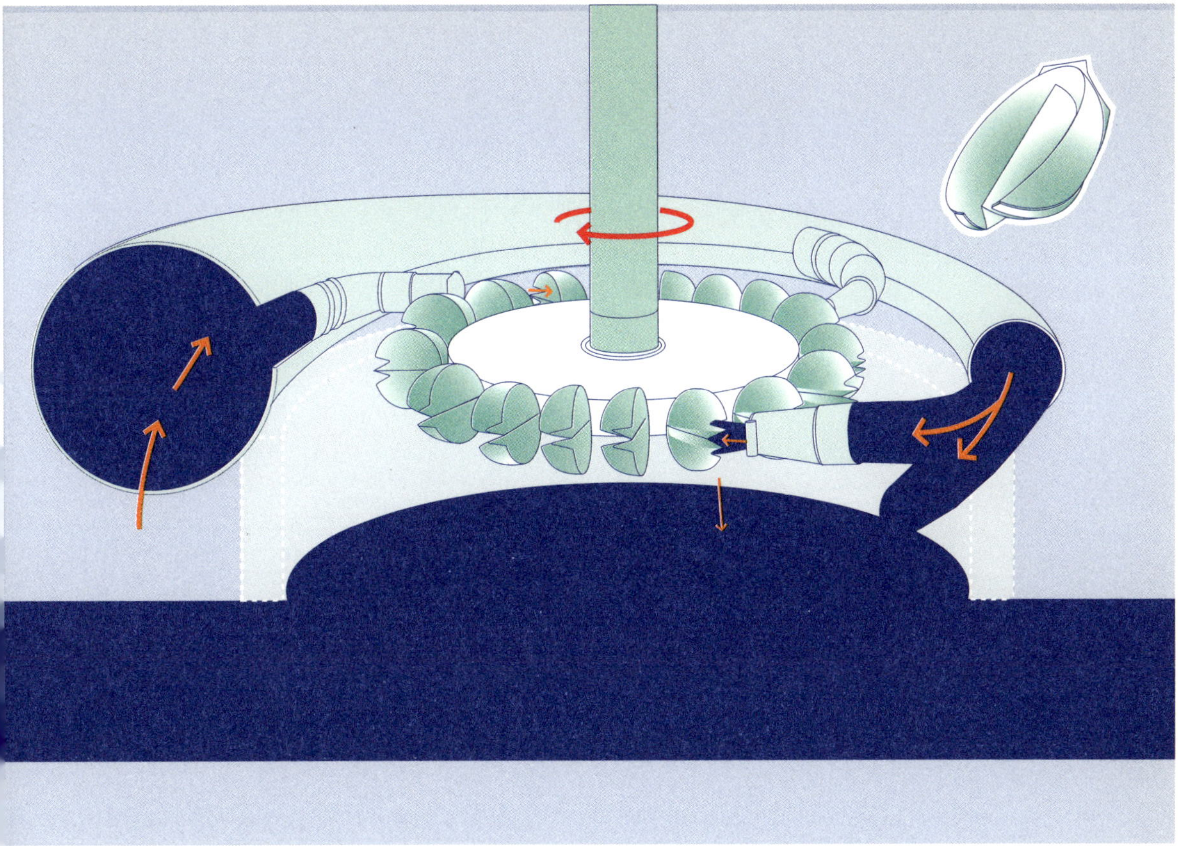

Um die Leistung zu optimieren, richtet man den Wasserstrahl exakt auf die Schneide in der Mitte der Becher: Dadurch wird dessen Richtung komplett umgedreht und so seine Energie fast vollständig an das Turbinenrad übertragen.

feln traf, drehte es sich plötzlich schneller als vorher. Pelton ging dem Phänomen nach und stellte fest, dass der Wasserstrahl dann die meiste Energie freigab, wenn er nicht nur abgelenkt, sondern seine Richtung vollständig umgekehrt wurde. In den beiden Jahren 1877 und 1878 baute er aus alten Blechkanistern unterschiedlichste Schaufelgeometrien, wobei er mit einer eher seltsam geformten Schaufel den größten Erfolg hatte: einer Schaufel, die in der Mitte durch eine keilförmige Erhöhung in zwei Teile getrennt war. Dadurch wurde möglich, dass der in der Mitte auftreffende Wasserstrahl geteilt wurde. Die Teilstrahlen folgten nach links und rechts der Schaufelkrümmung und wurden um fast 180 Grad umgelenkt.

1880 konnte Pelton seine Turbine erfolgreich zum Patent anmelden. Kurz darauf wurde in Nevada City die erste von ihm gebaute Turbine in Betrieb genommen. Dazu wurde das sich um eine waagerechte Welle drehende Rad in ein hölzernes Trägergestell eingespannt. Das Wasser traf ähnlich wie bei einem unterschlächtigen Wasserrad am unteren Teil des Turbinenrads auf die Schaufeln. Für die Regulierung des Hochdruck-Wasserstrahls sorgte ein Drosselschieber.

Die heute bei Pelton-Turbinen verwendeten Schaufeln unterscheiden sich von den ersten Anlagen deutlich. So war es um die Jahrhundertwende dem aus San

LESTER ALLAN PELTON (1829–1908)

Lester Allan Pelton wurde am 5. September 1829 in Vermillon im amerikanischen Bundesstaat Ohio geboren. Als junger Mann zog es ihn nach Kalifornien, wo er – wie tausende andere Abenteurer auch – hoffte, im Zuge des Goldrausches zu Wohlstand zu kommen. Daraus wurde nichts. Pelton arbeitete vielmehr als Zimmermann, er reparierte konventionelle Wasserräder, die von den Goldsuchern zum Antrieb von Wasch- und Sortiermaschinen eingesetzt wurden. Dabei erkannte er schnell, dass sich diese Technik für den Einsatz an schnell fließenden und vergleichsweise wenig Wasser führenden Gebirgsbächen nur schlecht eignete. Pelton begann mit Turbinenrädern zu experimentieren. Ein Zufall kam ihm dabei zur Hilfe, denn als der von einer Düse gebündelte Wasserstrahl den Rand der gekrümmten Schaufeln traf, drehte sich das Wasserrad plötzlich deutlich schneller. Bei seinen systematisch in den Jahren 1877 und 1878 durchgeführten Versuchen erkannte Pelton, dass der Wasserstrahl dann die meiste Energie abgab, wenn seine Richtung nach dem Aufprall auf die Schaufeln umgekehrt wurde. 1880 erhielt Pelton auf seine Freistrahlturbine ein amerikanisches Patent. Wenig später baute dann die Firma G. G. Allen & Co. in Nevada City die ersten Pelton-Turbinen. 1887 ging Pelton nach San Francisco und gründete die Pelton Water Wheel Company. Die Pelton-Turbine wurde rasch zu einem Verkaufsschlager, da mit ihr sowohl Nähmaschine als auch Generatoren angetrieben werden konnten. Eines der ersten Pelton-Wasserkraftwerke wurde bei Redlands in Kalifornien mit einer Fallhöhe von 108 Metern und einem Wasserdurchsatz von 68 Kubikmetern je Minute gebaut; die Anlage hatte eine Leistung von rund 300 Kilowatt. Pelton profitierte kaum von seiner bahnbrechenden Entwicklung. Er starb weitgehend mittellos am 17. März 1908 in San Francisco.

Der Größenvergleich macht die Ausmaße dieser für „New Colgate" am Yuba River in Kalifornien vorgesehenen Pelton-Turbine deutlich: Mit einem Durchmesser von 5,5 Meter war sie 1967 die damals größte der Welt.

Kaplan-Turbinen erinnern an Schiffspropeller: Sie sind prädestiniert für geringe Fallhöhen und schwankende Wassermengen.

Francisco stammenden William Abner Doble gelungen, mit spiegelbildlichen halbellipsoidförmigen Bechern, die sich in der Laufradmitte zu der bekannten Schneide vereinen, das der Pelton-Turbine zu Grunde liegende Wirkungsprinzip weiter zu optimieren: Die Richtung des Wasserstrahls wird komplett umgedreht, wodurch er seine Energie fast vollständig an das Turbinenrad überträgt.

Von Doble stammt auch die heute noch eingesetzte Technik zum Regeln der auf die Turbine strömenden Wassermenge: Sie wird zur Leistungsanpassung über eine in der Düse axial verschiebbare Nadel verändert, wobei die Nadel hydraulisch oder elektrisch verstellt werden kann. Bereits vor 1890 hatte man übrigens versucht, durch mehrere Düsen und damit Wasserstrahlen die Leistung der Turbinen zu verbessern. Und das mit Erfolg; heute werden bis zu sechs Düsen um das Laufrad angeordnet.

Pelton-Turbinen erreichen Wirkungsgrade von bis zu 90 Prozent. Sie werden bei großen Fallhöhen und einem vergleichsweise geringen Wasserangebot eingesetzt. Ihr Leistungsspektrum reicht von wenigen kW bis über 300 MW.

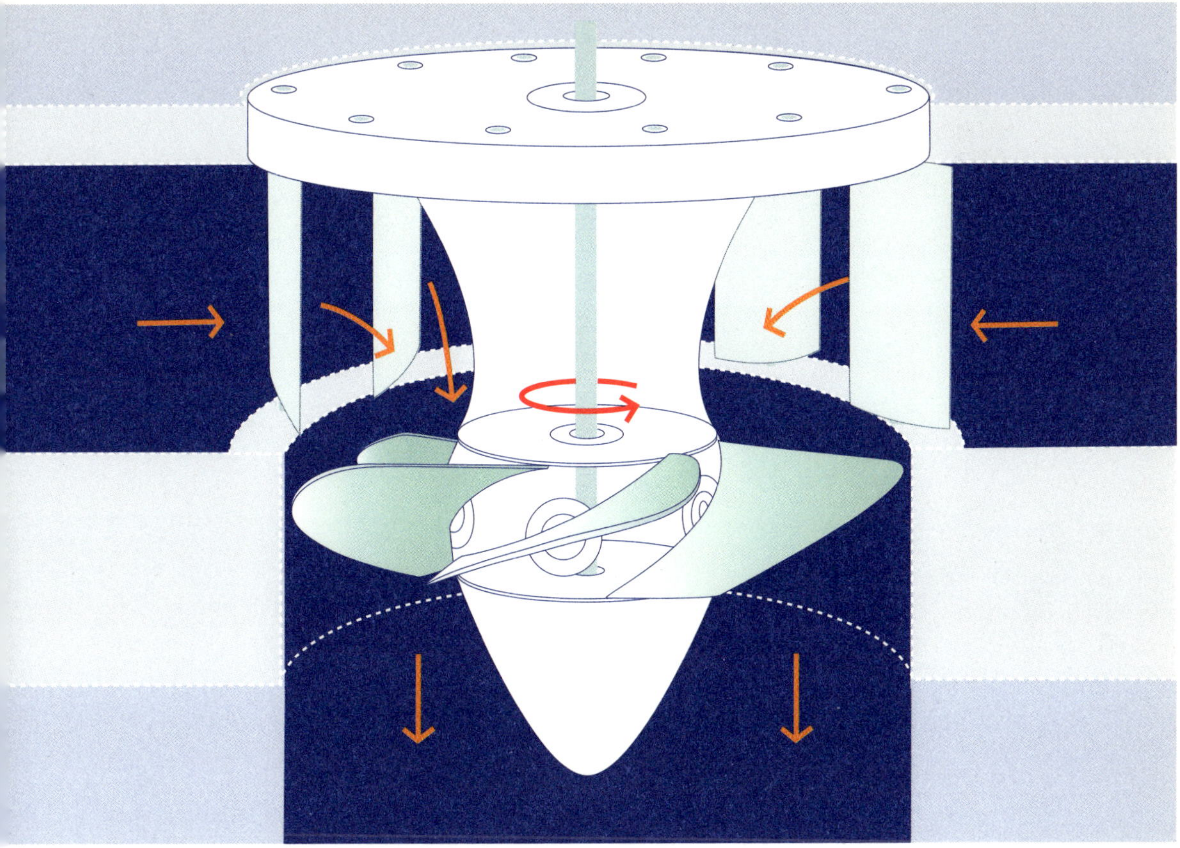

Das Besondere der Kaplan-Turbinen sind die an der Laufnabe drehbar gelagerten Schaufeln. Sie machen es möglich, die Turbine optimal an unterschiedliche Wassermengen anzupassen.

KAPLAN-TURBINE

Vor allem der zu Beginn des vergangenen Jahrhunderts sich stürmisch entwickelnden elektrischen Energieerzeugung ist eine weitere Turbinenform zu verdanken: die Kaplan-Turbine. Sie war die Antwort auf die damals gestellte Forderung nach höheren Drehzahlen und besseren Wirkungsgraden – bei geringen Fallhöhen und schwankenden Wasserangeboten –, als mit Francis-Turbinen erreicht wurden.

Der aus dem österreichischen Mürzzuschlag stammende Viktor Gustav Franz Kaplan experimentierte anfangs mit Francis-Turbinen, bei denen er die Laufraddurchmesser vergrößerte und zudem die Neigung der Schaufeln reduzierte. Doch der Erfolg war gering. Die Reibungsverluste begrenzten die Drehzahl auf bescheidene 450 Umdrehungen in der Minute. Erst als Kaplan die äußere Begrenzung der Laufräder wegließ, verbesserten sich die Ergebnisse, der Wirkungsgrad und die Drehzahlen stiegen. Doch der Clou seiner Erfindung war nicht die flügelartige Form der Schaufeln, sondern die Tatsache, dass sich die an der Laufnabe drehbar gelagerten Schaufeln verstellen ließen. Damit wurde es möglich, den Anstellwinkel der Turbinenschaufeln auf unterschiedliche Wassermengen optimal anzupassen.

DR. VIKTOR KAPLAN (1876–1934)

Viktor Gustav Franz Kaplan wurde am 27. November 1876 im österreichischen Mürzzuschlag geboren. Bereits als Volksschüler faszinierten ihn technische Probleme, und er baute kleine Wasserräder im heimischen Mürztal, später einen Elektromotor, dem eine Stricknadel als Achse diente, und eine Dampfmaschine aus einer Kakaobüchse. Als Realschüler stellte er einen Fotoapparat her, den er aus den unterschiedlichsten Haushaltsutensilien zusammensetzte. Nach der Matura studierte der engagierte Bergsteiger Maschinenbau an der Technischen Hochschule in Wien. Als er seinen Militärdienst beendet hatte, trat Kaplan als Konstrukteur in die Maschinenfabrik Ganz & Co. in Leobersdorf ein; hier befasste er sich hauptsächlich mit Verbrennungsmotoren. Zwei Jahre später wurde der junge Ingenieur an die Deutsche Hochschule nach Brünn berufen und arbeitete hier auf dem Gebiet der theoretischen Physik. 1909 promovierte Viktor Kaplan zum Doktor der technischen Wissenschaften und habilitierte sich kurz darauf an der Hochschule in Brünn über Wasserkraftmaschinen. 1910 wurde dann unter seiner Regie das Turbinenlaboratorium an dieser Hochschule in Betrieb genommen; 1912 meldete Viktor Kaplan sein erstes Turbinenpatent an. Anfangs beobachtete man an den Kaplan-Turbinen Störungen, die man sich nicht erklären konnte: An den Laufradschaufeln traten Schäden auf, und im Saugrohrauslauf bildeten sich unter explosionsartigem Geknatter Luftblasen und beeinträchtigten die Leistung. Die Ursache war ein bis dahin unbekanntes Phänomen – die „Kavitation". Während dieses Rätsel entschlüsselt wurde, erkrankte Kaplan, so dass es seinen Schülern vorbehalten blieb, durch eine veränderte Strömungsführung Kavitationserscheinungen auszuschließen. Die erste Kaplan-Turbine wurde dann in Velm, Niederösterreich, aufgestellt. Kurz darauf konnten im Wasserkraftwerk Siebenbrunn bei Gmunden die ersten beiden 1-Megawatt-Kaplan-Turbinen installiert werden, was der zweieinhalbfachen Leistung der damals üblichen Francis-Turbinen entsprach. 1925 wurde dann das Großkraftwerk Lilla Edet in Schweden mit einer 8-Megawatt-Kaplan-Turbine ausgerüstet. Damit hatte sich dieser Turbinentyp endgültig als Ideallösung für Kraftwerke mit geringer Fallhöhe und großem Wasserdargebot bewiesen. Diese Erfolge konnte Kaplan aus gesundheitlichen Gründen kaum genießen. Am 23. August 1934 erlag er auf seinem Landsitz am Attersee einem Schlaganfall.

Im Laufwasserkraftwerk Ryburg-Schwörstadt am Hochrhein wurden 1930 vier Kaplan-Turbinen mit einer Leistung von zusammen 110 Megawatt in Betrieb genommen. Die Maschinensätze III und IV lieferte Voith.

Die erste Kaplan-Turbine wurde 1919 bei einer Textilwarenfabrik im niederösterreichischen Velm in Betrieb genommen und brachte es mit 84 Prozent auf einen beachtlichen Wirkungsgrad.

Im Jahre 1919 wurde die erste Kaplan-Turbine in einer Börtel- und Strickwarenfabrik im niederösterreichischen Velm eingebaut. Sie hatte einen Laufraddurchmesser von 60 Zentimetern, nutzte ein Wassergefälle von drei Metern und brachte es auf den beachtlichen Wirkungsgrad von 84 Prozent. Ihre Leistung betrug 19 kW (25,8 PS). Doch bei aller Euphorie um diesen Erfolg stellten sich bald darauf Rückschläge ein. An zahlreichen neu installierten Kaplan-Turbinen korrodierten die Laufschaufeln, teilweise brachen sie auch ab. Die Gründe dafür blieben lange unklar. Erst langwierige Untersuchungen, an denen sich mehrere Turbinenbauunternehmen beteiligten, brachten die Ursache für die seltsamen Erscheinungen ans Licht: Kavitation. Zu diesem auch als Hohlraumbildung oder Hohlsogwirkung bekannten Phänomen kann es kommen, wenn in einer schnellen Flüssigkeitsströmung – etwa an der Laufschaufel einer Turbine – der statische Druck unter den Dampfdruck des Wassers absinkt. Es bilden sich Dampfbläschen, die beim Druckanstieg schlagartig implodieren. Örtlich treten dabei sehr hohe Drücke auf, die auch hochwertige Materialien zerstören können. Erst mit der Zeit fand man heraus, dass nicht optimierte Schaufelprofile und raue Schaufeloberflächen die Gründe für die Kavitation waren.

Aus der Kaplan-Turbine wurde in den Folgejahren die Rohrturbine für geringe Fallhöhen entwickelt. Dabei wird das Wasser in einem geschlossenen geraden Kanal

DIE UNTERSCHIEDLICHEN PRINZIPIEN DER WASSERTURBINEN

Die Entwicklungsgeschichte der unterschiedlichen Turbinentypen verlief keineswegs geradlinig. Um hier den Überblick zu bewahren, ist eine Kategorisierung der verschiedenen Prinzipien, wie dem Wasser die Energie entzogen und den Leitschaufeln der Turbinen zugeführt wird, überaus hilfreich. Die Einteilung orientiert sich dabei am Druckgefälle entlang dem Laufrad und an der Art, wie die Turbinenschaufeln mit dem Wasser „beaufschlagt" werden.

Bei den (Gleich-)Druck- oder auch Aktionsturbinen wird die gesamte Energie des Wassers vor dem Eintritt in das Laufrad in einer Düse in Bewegungsenergie umgewandelt. Damit wird erreicht, dass die kinetische Energie des Wassers unter gleich bleibendem Druck, aber wechselnder Geschwindigkeit und Richtungsänderung auf die Turbinenschaufeln übertragen wird. Diese stets unter atmosphärischem Druck stehenden Turbinen werden auch als Freistrahlturbinen bezeichnet. Der typische Vertreter einer Druckturbine ist die Pelton-Turbine.

Bei den Überdruck- oder Reaktionsturbinen nimmt der Druck des Wassers vom Eintritt in den Leitapparat bis zum Austritt aus dem Laufrad ab. Beim Passieren der Turbinenradschaufeln wird hier mechanische Kraft sowohl durch Umwandlung der kinetischen als auch der Druckenergie erzeugt. Beim Austritt aus der Turbine ist die Relativ-Geschwindigkeit des Wassers hoch – und da die Wassermenge bei sich verengendem Raum gleich bleibt, nimmt der Druck entsprechend ab. Er kann beim Austritt dem atmosphärischen Druck entsprechen, und wenn ein Saugrohr verwendet wird, kann er auch darunter liegen. Die Francis- und die Kaplan-Turbine sind Überdruckmaschinen.

Ist der Winkel, unter dem das Wasser auf die Turbine geleitet wird, für die Kategorisierung maßgebend, so unterscheidet man zwischen Axial- und Radialturbinen. Bei den Axialturbinen tritt das Wasser parallel zur Laufradachse ein. Bei einem vertikal angeordneten Laufrad wird das Wasser dabei von oben auf die Turbinenschaufeln geleitet. Bei der zweiten Gruppe, den Radialturbinen, trifft das Wasser in einer senkrecht zur Laufradachse liegenden Ebene durch den Leitapparat schräg radial auf die Turbinenschaufeln und wird dann im Laufrad in die axiale Richtung umgelenkt.

geführt und halbaxial dem Laufrad zugeführt. Dabei umströmt es den mit einer stromlinienförmigen Ummantelung versehenen, an der Druckseite der Turbine angebrachten Generator.

Kaplan-Turbinen haben ein breites Einsatzspektrum. Sie sind für Fallhöhen zwischen zwei und 30 Metern (in Sonderfällen bis zu 60 Metern) möglich.

Georg Küffner

„ES GIBT KEINE WASSERKRISE, ES GIBT EINE INVESTITIONS- UND WARTUNGSKRISE“

IM GESPRÄCH MIT PROF. DR. KLAUS TÖPFER, EXEKUTIV-DIREKTOR DES UMWELTPROGRAMMS DER VEREINTEN NATIONEN UNEP

Wer erinnert sich nicht an Klaus Töpfers Sprung in den Rhein? Eine unvergessliche Episode: Da schwimmt ein waschechter Bundesumweltminister in schwarzem Schwimmanzug und roter Kappe durch Deutschlands mächtigsten Strom, nur um zu beweisen, wie gut seine Wasserqualität sei. Heute kann Töpfer, durch seine Tätigkeit bei den Vereinten Nationen inzwischen so etwas wie der „Welt-Umweltwächter“, über sein 20 Jahre zurückliegendes Rhein-Abenteuer entspannt lachen. Schließlich gehört dieser kurze, symbolträchtige Einsatz mittlerweile zu seinem Lebenslauf fast wie die Zeit als Minister Deutschlands oder jene als Staatssekretär. Aber damals „war das eine schwierige Angelegenheit“, die er nicht wiederholen würde: „Sie schlug zu hohe Wellen.“ Außerdem weiß der Exekutiv-Direktor des UN-Umweltprogramms (UNEP) seine Politik heute weniger spektakulär, aber in „wissenschaftlich nachvollziehbarerer Weise“ darzulegen.

Tatsächlich sieht Klaus Töpfer die meisten Dinge, die mit Umwelt(schutz) zu tun haben, gemäßigt und differenziert, doch nicht ohne Lust und Leidenschaft. Das liegt zum einen an seiner Position: Als höchster Repräsentant einer Staatenorganisation, deren Mitgliedern er Rechenschaft schuldet, kann er nicht auftreten wie eine Nichtregierungsorganisation vom Schlage Greenpeace, ohne deren Arbeit deshalb gleich diskreditieren zu wollen „Es ist wichtig, mit den Einzelstaaten im Gespräch zu bleiben“, beschreibt er die Zwänge, die er bei seiner Arbeit im Auge behalten muss. UNEP mit seinen 860 Mitarbeitern und 120 Millionen Dollar Jahresbudget und Projektmitteln finanziert sich zum größten Teil aus freiwilligen Beiträgen, ist also in doppelter Hinsicht auf die Zusammenarbeit mit den Einzelstaaten angewiesen. Deshalb sucht Töpfer ständig den Kontakt zur interessierten Öffentlichkeit und zu Regierungen in den Hauptstädten, reist permanent durch die ganze Welt: Heute ein Kongress in Mainz, wo er einst als Staatssekretär und später als Minister im Landesumweltministerium tätig war, morgen ein Treffen in Bonn, wo er zunächst Bundesumweltminister, später Bauminister wurde, dann ein Symposium in Bangkok, ein Treffen in New York, Buenos Aires, Rom und schließlich die Arbeit in Nairobi, dem eigentlichen Sitz des UN-Umweltprogramms. Klaus Töpfer, seit 1998 Exekutiv-Direktor von UNEP, davor auf vielen Ebenen der deutschen Politik mit Umweltthemen befasst, versteht seine Aufgabe durchaus als Lobby-Arbeit, doch nicht im herkömmlichen Sinne, von unten als Verband oder Interessenvertreter, sondern von oben als führender Repräsentant einer internationalen Organisation.

Sein Ziel ist es, das Umweltbewusstsein in den Nationalstaaten zu stärken, ihnen bei langfristigen Entscheidungen über Ressourcennutzung und Energieplanung beratend zur Seite zu stehen. Seine Mittel heißen deshalb Aufklärung und Überzeugung, nicht Aktivismus und Agitation. Extremhaltungen würden zu Klaus Töpfer allerdings auch nicht passen, denn der frühere Minister hat Umweltanliegen zwar immer mit Nachdruck, aber – die Rhein-Episode vielleicht ausgenommen – nie ideologisch verfolgt. Deshalb verwundert es kaum, dass ihm zum Thema Wasser so manches durch den Kopf schießt, ohne gleich irgendwelche Dämme brechen zu lassen. Vielmehr wägt Töpfer ab, bezieht die Anliegen von Umweltgruppen genauso in seine Betrachtungen ein wie jene der Industrie, der Entwicklungsländer oder der von Umweltschäden betroffenen Menschen. Töpfer verfolgt, so könnte man seine Haltung grob zusammenfassen, einen pragmatischen Ansatz mit idealistischer Perspektive.

Getreu dieser Haltung erachtet er das Konzept der „nachhaltigen Entwicklung" als weiterhin tragfähig und wichtig, obwohl es von verschiedener Seite in Gefahr gerät: Da sind die aufstrebenden Entwicklungs- und Schwellenländer, deren Hunger nach Industrialisierung und Energie kaum zu stillen ist. Entsprechend sorglos wird zuweilen mit der Ressource Umwelt umgegangen. Auf der anderen Seite verliert der Begriff durch eine unrealistische Überfrachtung und „durch seine inflationäre Nutzung", wie Töpfer sagt, „viel Substanz". Deswegen plädiert er dafür, sich wieder auf das „Ursächliche" daran zu besinnen. Als internationale Leitlinie festgeschrieben wurde das Konzept der „nachhaltigen Entwicklung" zum ersten Mal beim großen internationalen Umweltgipfel 1992 im brasilianischen Rio de Janeiro. Seither ist sein Gebrauch geradezu „explodiert", wodurch der eigentliche Zweck mehr und mehr entwertet wurde. Denn die nachhaltige Entwicklung besteht, so die Vorstellung damals in Rio, aus drei Faktoren, von denen der pflegliche Umgang mit der Umwelt lediglich einer ist: Dazu kommen wirtschaftliche Entwicklung und soziale Gerechtigkeit. „Nur ein Ziel im Auge zu behalten ist nicht hinreichend", sagt Töpfer. Sondern die Kunst liegt gerade darin, eine Balance, einen „optimalen Kompromiss" herzustellen. „Es war nie ein Konzept, das wirtschaftliche Entwicklung ausschloss", entgegnet Töpfer all jenen, die „Sustainable Development" gleichsetzen mit grüner Idylle. Umgekehrt ist eine „Entwicklung ohne Umweltgüter mittel- und langfristig nicht stabil". Seine Organisation, UNEP, hat deshalb das Motto gewählt: „Umwelt für Entwicklung". Das schließt den einseitigen Fokus auf die Umwelt ebenso aus wie ihre Vernachlässigung.

Diese Maxime gilt nach Töpfers Überzeugung übrigens genauso für die Wasserkraft, deren Bedeutung er insgesamt weiter steigen sieht. Im Moment nehme sie unter den erneuerbaren Energieträgern, weltweit betrachtet, den zweiten Rang nach der Biomasse ein, obwohl man in Deutschland in diesem Zusammenhang fälschlicherweise nur an Sonne und Wind denke. Und Töpfer ist sich sicher: „Dieses Potenzial wird noch weiter genutzt werden." Dagegen hegt der UNEP-Chef keinerlei grundsätzliche Bedenken, wie man vielleicht zunächst annehmen könnte. Aber er rät dringend dazu, auch

Klaus Töpfer lässt auch beim Thema Wasserkraft keine Dämme brechen.
Er ist Pragmatiker und Idealist in einem.

hierbei die „Abwägung zwischen den drei Zielbereichen der nachhaltigen Entwicklung vorzunehmen". Und zwar in jedem Einzelfall. Je „partizipatorischer" der Ansatz, desto besser. Je früher im Planungsprozess alle möglichen Konsequenzen analysiert würden, desto reibungsloser verliefen nachher Bau, Fertigstellung und Inbetriebnahme eines Wasserkraftwerkes. Von der Pauschalunterscheidung, kleine Kraftwerke seien gut, große schlecht, hält Töpfer wenig, sondern er empfiehlt, wie immer mäßigend, eine differenzierte Sicht. „Ich kann nicht von vornherein einen großen Damm ablehnen, wenn nur fünf oder sechs Prozent der Menschen in dieser Region Strom haben und die weitere wirtschaftliche Entwicklung dringend auf einen solchen Damm angewiesen ist." Aber – nun kommt der umgekehrte Einspruch – man habe in der Vergangenheit nicht aktiv genug versucht, die negativen Auswirkungen auf Umwelt und betroffene Menschen zu minimieren, hält er den politischen Entscheidungsträgern und den Betreibern von Wasserkraftwerken vor. Dabei sei es „natürlich" möglich, Wasserkraft ohne übertriebene Umweltbelastung zu nutzen. „Dämme könnten noch viel besser gebaut werden", meint er, „wenn die Planungen verbessert und die Menschen ‚mitgenommen' würden". Als Vertreter von UNEP wünscht er sich außerdem, in manchen Prozess früher – oder überhaupt – eingebunden zu werden und eine Art Gutachter-Funktion zu übernehmen. Häufig genug aber pochen die Einzelstaaten bei sensiblen Energieprojekten auf ihre Unabhängigkeit und vergeben sich dadurch manche Dialog-Chance in einer Zeit, in der Anpassungen noch leichter möglich wären.

Ähnlich vielschichtig betrachtet Töpfer den Energiemarkt insgesamt: Die Nachfrage wird in den kommenden Jahren weiter steigen, weil die Länder der Dritten Welt für ihren Entwicklungsprozess zusätzliche Energie brauchen. Diesem Faktum müsse man sich stellen, sagt Töpfer, am besten durch eine möglichst breite Palette, durch eine verstärkte und verbesserte Nutzung aller Energieformen – eine Erkenntnis, die im Übrigen auch bei den Entwicklungsländern schon weit verbreitet sei: Indien hat, wie Töpfer berichtet, bereits ein eigenes Ministerium für nichtkonventionelle Energien. Die chinesische Regierung arbeitet ebenfalls in diese Richtung, „legt ganz großen Wert darauf, mehr erneuerbare Energien in ihre Versorgungspalette einzubinden“. Das Interesse an erneuerbaren Energieformen wachse überall, schon weil sich Bruttosozialprodukte mit den derzeitigen „Produktions- und Konsumtechniken“ nicht vervierfachen ließen, wie es Chinas erklärtes Ziel bis zum Jahr 2020 ist. „Gerade Länder, die sich in einem ungeheuren Wachstumsschub befinden, stellen plötzlich fest, dass Umwelt eine begrenzende Ressource ist, so wie das die Industriestaaten ja auch gemerkt haben.“

Trotz intensiverer und größerer Nutzung von Wasserkraft, Biomasse, Sonne und Wind bleibt die Welt mittelfristig abhängig von fossilen Energieträgern, wie Klaus Töpfer nüchtern feststellt. Deshalb ergebe es keinen Sinn, die eine Seite – erneuerbare Energien – mit Hoffnungen zu überfrachten und die andere – Öl, Gas und Kohle – unnötig zu verteufeln. Die Lösung liege vielmehr in der effizienteren und möglichst umweltschonenden Nutzung aller zur Verfügung stehenden Ressourcen. Hier sieht er den eigentlichen Innovationsbedarf. Warum nicht Kohlendioxyde, die bei Verbrennungen entstehen, fixieren? Warum nicht technologische Neuerungen schaffen, die Sonnenenergie besser ausschöpfen als bisher? Warum nicht die Kraft der Gezeiten nutzen? Warum nicht visionär denken und den Innovationsgeist einer Gesellschaft in diese Richtung lenken? „Hier sind den Kapazitäten junger Menschen keine Grenzen gesetzt.“ Die Frage nach der klügeren Nutzung von Energie zählt für den UN-Exekutiv-Direktor zu den zentralen Zukunftsanliegen der Menschheit.

Auch beim lebensnotwendigen Gut Wasser sollte der sparsame und weise Umgang, wie Töpfer meint, zum obersten Gebot erhoben werden. „Es wird eine entscheidende Aufgabe sein und bleiben, Wasser wieder sehr viel stärker, sehr viel sinnvoller in ökonomische Betrachtungen einzubeziehen.“ Erst 15 Prozent des Brauchwassers laufen heute durch Klärsysteme. In vielen Ländern geht manchmal bis zur Hälfte des Trinkwassers durch schadhafte Leitungen verloren, und wasserautarke Unternehmen sind noch immer Zukunftsrauschen. Auf sol-

„Es wird eine entscheidende Aufgabe sein und bleiben, Wasser wieder sehr viel stärker, sehr viel sinnvoller in ökonomische Betrachtungen einzubeziehen.“

chen Gebieten gibt es nach Töpfers Ansicht eine Menge zu tun. Und solange diese Potenziale nicht ausgeschöpft sind, hält er die Aussage, Wasser sei knapp, schlicht für falsch. „Es gibt keine Wasserkrise, es gibt eine Investitions- und Wartungskrise." Überhaupt hält er wenig vom Lamentieren, gar nichts vom Resignieren, dafür aber viel vom tatkräftigen Anpacken. Gerade von hoch entwickelten Staaten wie Deutschland erwartet er verstärkte Aktivität bei der Suche nach technischen Lösungen für den Energie- und Rohstoffsektor. Denn das sind erstens „tolle Wachstumsfelder", und zweitens betrachtet er solche Fortschritte als eine Art frühzeitige „Abrüstungs- und Präventionspolitik" im Kampf um die weltweiten Ressourcen.

In diesem Zusammenhang räumt Töpfer gleich noch mit einem weit verbreiteten Vorurteil auf, dass die nächsten Kriege um Wasser geführt würden. Tatsächlich ist dieser Grundstoff des Lebens eher ein verbindendes Element denn ein spaltendes. Natürlich gab und gibt es Konflikte darum, aber bereits in der Vergangenheit haben die Menschen meist Lösungen für eine gemeinsame Wassernutzung gesucht, gehörten Wassergerichte als Schiedsstellen zu den ersten Rechtsgebilden überhaupt, wurden Brunnenvergifter fast überall drakonisch bestraft. In allen Weltreligionen ist Wasser ein heiliges, besonders schützenswertes Gut. Diese spirituelle und kulturelle Komponente sollte bei allen Debatten über die Nutzung von Wasser mehr Beachtung finden. Eine Reduzierung allein auf die ökonomische Dimension reicht bei weitem nicht aus.

Heute zeigt ein von UNEP vor nicht allzu langer Zeit veröffentlichter Wasseratlas, wie dicht das System von Verträgen und Abkommen weltweit inzwischen ist: Etwa 280 „common shared water bodies", häufig über Grenzen hinweg, wurden durch rechtliche Abkommen zwischen den Anrainerstaaten geregelt, um das Wasser eines Flusses oder Sees allen Anrainern gleichermaßen zur Verfügung zu stellen. Aber es kann mehr getan werden: Frühwarnsysteme für kommende Wasserkrisen, gezielte Investitionen in Wassersparmaßnahmen und Wassereffizienz sind die besten Abrüstungsinstrumente für die Zukunft, sind die entscheidenden Beiträge für eine vorsorgende Friedenspolitik.

Der Rhein, der bei seiner „Reise" in Europa viele Länder durchquert, ist wahrscheinlich das beste Beispiel dafür, wie gemeinsame Abhängigkeiten in positive internationale Verabredungen umgemünzt werden können. Die mittlerweile geschlossenen Verträge beginnen bei der Frage der Wassernutzung und enden bei der Begrenzung der Wärmelast. „Der Rhein ist ein klarer Beleg, dass man nicht leichtfertig sagen sollte, es wird einen Krieg ums Wasser geben, sondern man sollte stattdessen die Menschen zur Zusammenarbeit bewegen."

In diesem Fall war der Erfolg so durchdringend, dass in der früheren „Kloake Europas" längst nicht mehr nur tapfere Bundesminister schwimmen, sondern zum Beispiel auch Lachse. Wenn Klaus Töpfer heute aus dem fernen Nairobi an seinen Heimatfluss, den Rhein, denkt, hat er viele Assoziationen. Die meisten davon sind weitaus erfreulicher als sein medienwirksamer Sprung in die Fluten vor fast 20 Jahren.

Aufgezeichnet von Friederike Bauer

WASSERKRAFT HEUTE

DAS POTENZIAL DER WASSERKRAFT

Niederschläge bringen das auf der Erde verdunstete
Wasser zurück: der Wasserkreislauf der Natur schließt sich

China, der erwachende Gigant Asiens, hungert nach Energie. Die boomende Industrie des Landes fordert einen immer größeren Teil des im Mittleren Osten und Russland geförderten Rohöls. Der Ausbau der Kernenergie wird energisch vorangetrieben. Gleichzeitig experimentieren die Chinesen mit Sonnenkraft, Wind und Biomasse. Kraftvoll und mit hohem Tempo sammelt das Reich der Mitte alle Energien, um seine Produktivkräfte zur Entfaltung zu bringen und in den Kreis der Industrienationen aufzusteigen. Und doch fokussiert sich die Aufholjagd heute vor allem auf eine natürliche Quelle, die das wirtschaftliche Wachstum Chinas auf lange Zeit nähren und sichern könnte: die Wasserkraft.

Dank seiner Ausdehnung, seiner vorteilhaften Topografie und seiner reichen Niederschläge hat China das größte Wasserkraftpotenzial der Welt. Nach Kohle ist Wasserkraft die zweitgrößte Energieressource des Landes. Schon heute liegt das bevölkerungsreichste Land der Erde an dritter Stelle der Weltrangliste installierter Wasserkraftleistung hinter den USA und Kanada. Doch mit Macht holen die Chinesen auf: Bis 2007 soll der Anteil der Wasserkraft an der gesamten Energieerzeugung von gegenwärtig etwa 24 auf 30 Prozent erhöht werden. Dieses Ziel ist nur dann zu erreichen, wenn jedes Jahr neue Wasserkraftwerke mit einer Leistung von zusammen 5000 bis 6000 Megawatt ans Netz gehen. 2004 lag die Leistung aller chinesischen Wasserkraftwerke bei rund 70 Gigawatt. Im Jahr 2007 sollen es schon 125 Gigawatt sein.

Insgesamt wird das Wasserkraftpotenzial in China auf etwa 680 Gigawatt geschätzt, von denen rund 450 Gigawatt als wirtschaftlich nutzbar bewertet werden. Dazu müssen rund 150 Großdämme und etwa 1700 Wasserkraftwerke mittlerer Leistung errichtet werden. Doch selbst das befriedigt die ehrgeizigen Planer noch nicht: China will sich künftig auch verstärkt dem Bau kleinerer Wasserkraftwerke zuwenden. Hier ist das Potenzial erst zu weniger als einem Drittel ausgeschöpft.

Wasser war und ist ein immens wichtiger Energieträger. Nach Kohle (40 Prozent) und Öl/Gas (24 Prozent) rangiert die Wasserkraft heute mit rund 20 Prozent weltweit an dritter Stelle bei der Erzeugung von elektrischer Energie. Unangefochten auf dem ersten Platz steht die Kraft des Wassers freilich, wenn man die regenerativen Energiequellen in den Blick nimmt. Bekanntlich neigen sich die Erdöl- und Erdgasvorräte in absehbarer Zeit ihrem Ende zu. Bei Wasser hingegen besteht diese Gefahr nicht.

In jeder Sekunde verdunsten auf der Erde etwa 14 Millionen Kubikmeter Wasser, das meiste davon auf den Ozeanen. Mit dem Regen gelangt das Wasser wieder auf die Erde zurück, und der Wasserkreislauf der Natur schließt sich. Geht der Regen nicht über dem Meer, sondern über dem Festland nieder, ergibt sich hieraus ein mehr oder minder großes Potenzial an Wasserkraft. Weite Teile der Volksrepublik

China liegen mehrere tausend Meter oberhalb des Meeresspiegels (Europa, zum Vergleich, liegt im Durchschnitt 300 Meter hoch). In dem Höhenunterschied steckt eine gewaltige Energiemenge. Man nennt dies die so genannte Lageenergie des Wassers. Fließen die Wassermassen abwärts, kann sie in Wasserkraftwerken zur Stromerzeugung genutzt werden.

Doch die Physik setzt Grenzen. Das Potenzial der Wasserkraft verliert bei seiner industriellen Nutzbarmachung Stufe um Stufe an energetisch verwertbarem Gehalt: Die theoretisch mögliche Leistung wird durch technische, ökologische und wirtschaftliche Aufwendungen deutlich geschmälert. Das *theoretische Potenzial* der Wasserkraft bezeichnet die mögliche Energie aller Gewässer eines Gebietes, ungeachtet seiner physikalischen, technischen und wirtschaftlichen Nutzungsgrenzen und ohne jede Berücksichtigung der politischen und gesellschaftlichen Kosten. Entscheidend ist hierbei die Topographie einer Region. Hochgebirgsregionen wie Tibet, die kanadischen Rocky Mountains oder die norwegischen Fjälls sowie Gebiete mit zahlreichen und starken Fließgewässern sind von der Natur außerordentlich begünstigt. Doch selbst mit der vergleichsweise geringen Wassermenge eines Gebirgsbaches, der mehrere hundert Meter bis zu den Turbinen hinabfällt, lässt sich unter Umständen ebenso viel Strom erzeugen wie mit den großen Wassermengen eines Flusses in der Tiefebene, der nur ein paar Meter tief über ein Stauwehr fällt.

Die *Schweiz* mit ihren 157 Staudämmen und mehr als 1000 Klein-, Mini- und Mikro-Kraftwerken liefert hierfür ein gutes Beispiel. Rund 60 Prozent aller im Land erzeugten Energie stammen aus Wasserkraft. Das theoretische Potenzial liegt in der Eidgenossenschaft bei jährlich 144 000 Gigawattstunden, nutzbar gemacht werden konnten bis heute jedoch nur 35 019 Gigawattstunden. Der Grund: Das *technische Potenzial* der Wasserkraft liegt mit 20 bis 35 Prozent deutlich unter dem theoretisch möglichen. In der Schweiz liegt es zwischen 29 000 und 50 000 Gigawattstunden. Das hat mehrere Gründe. Zum einen können die Turbinen und Generatoren eines Kraftwerkes nur einen Teil der gewonnenen Energie freisetzen, weil für die Erstellung und den Dauerbetrieb des Kraftwerkes selbst Energie benötigt wird. Darüber hinaus vermindert sich das theoretische Potenzial um Aufwendungen für ökologische und infrastrukturelle Maßnahmen wie zum Beispiel Boden- und Uferbefestigungen und den Schutz von Tieren und Pflanzen.

Unter Berücksichtigung dieses und anderer kostenbezogener Argumente errechnet sich das derzeit *wirtschaftliche Potenzial*. Es bezeichnet die wirtschaftliche Vorteilhaftigkeit der Wasserkraft gegenüber der Nutzung anderer Energieformen. Die Errichtung eines neuen Wasserkraftwerks ist eine komplexe Angelegenheit, die enorme Planungskompetenz und viel Erfahrung erfordert. Die Sicherstellung der

Finanzierung und die geforderte Beachtung der vollständigen Ökobilanz machen in der Regel lange Planungs-, Konstruktions- und Bauzeiten notwendig. Ausgeglichen wird das mit der im Vergleich zu konventionellen Kraftwerken höheren Lebensdauer und den geringeren Betriebskosten. Und der Vergleich der relativen Kosten zeigt noch eine andere Dimension: Je stärker der Ölpreis steigt, desto günstiger entwickelt sich das wirtschaftliche Potenzial der Wasserkraftwerke.

Das *ausschöpfbare* oder *Erwartungspotenzial* nennt schließlich den tatsächlichen Beitrag zur Energieversorgung, der mit einer Wasserkraftanlage aller Voraussicht nach gewonnen werden kann. Es wird immer dann geringer sein als das wirtschaftliche Potenzial, wenn Hemmnisse rechtlicher oder administrativer Art der rein ökonomischen Analyse entgegenstehen oder die Dauer der Anlagennutzung faktisch geringer sein wird als theoretisch möglich. Das Erwartungspotenzial kann aber auch das wirtschaftliche Potenzial übersteigen, wenn Subventionen für Bau oder Betrieb von staatlicher oder supranationaler Seite gewährt werden. Die Betrachtung dieser Potenzialgröße spielt besonders in den emporstrebenden Schwellenländern eine Rolle. Hier wird immer mehr Energie benötigt, um das industrielle Wachstum voranzutreiben. Gefördert werden die Schwellenländer dabei von den Vereinten Nationen, der Weltbank und der Europäischen Investitionsbank, aber auch von privaten Investoren, die sich von der anlaufenden Industrialisierung einen sicheren Return on Capital versprechen. Denn der Preis je Kilowattstunde erzeugten Stromes liegt bei der Wasserkraft niedriger als bei allen anderen erneuerbaren Energien.

So soll die Primärenergieversorgung in *Brasilien* beispielsweise in den kommenden Dekaden jährlich um drei Prozent wachsen. Hierfür sind Investitionen von rund 160 Milliarden US-Dollar erforderlich. Schon heute spielt die Wasserkraft im Land mit der größten Bevölkerungsdichte Südamerikas die führende Rolle. Ihr Anteil am Energiemix beträgt 87 Prozent, vor allem erzeugt von großen und sehr großen Kraftwerken. Die Hauptanlage Itaipú an der Grenze von Brasilien zu Paraguay wurde bis 1991 auf eine Gesamtleistung von 12 600 Megawatt ausgebaut; 2004 sind noch einmal 1400 Megawatt hinzugekommen. Auch das jüngste neu errichtete Wasserkraftwerk Belo Monte reicht mit einer Jahresleistung von 11 000 Megawatt fast an diese gewaltige Dimension heran. Landesweit wurden im Jahr 2000 in Brasilien jährlich 305 Terawattstunden Strom aus der Nutzung gewaltiger Wasserfälle erzeugt; bis 2030 dürfte sich – so die aktuelle Planung – diese Zahl nahezu verdoppelt haben (589 Terawattstunden im Jahr). Da im gleichen Zeitraum aber auch die Erdgasreserven weiter ausgebaut werden, wird sich der Anteil der Wasserkraft am Energieportfolio bis 2030 auf 65 Prozent reduzieren. Rund 46 Prozent der bis 2030 zusätzlich benötigten Energie wird die Wasserkraft liefern, 40 Prozent soll das Erdgas beitragen.

Eine ähnliche Aufbruchstimmung wie in Brasilien kennzeichnet seinen südamerikanischen Nachbarn *Venezuela*. Obwohl das Land zu den wichtigen Rohölförderern der Welt gehört, nimmt das Erdöl mit 29 Prozent hinter dem Erdgas nur den zweiten Platz im nationalen Energiemix (bezogen auf die Primärenergieversorgung) ein. Auf Rang drei folgt mit 27 Prozent die Wasserkraft. Dagegen dominiert bei der Elektrizitätsversorgung klar die Wasserkraft mit 69 Prozent, gefolgt von Gas (20 Prozent) und Öl (11 Prozent).

Schwellen- und Entwicklungsländer brauchen viel mehr Energie, als ihnen heute zur Verfügung steht. Zum einen müssen sie die steigenden Ansprüche ihrer Bevölkerung an einen höheren Lebensstandard befriedigen. Zum anderen verschlingen die prosperierenden Industrien immer mehr Strom für den Betrieb von Anlagen und Maschinen. Eingedenk ihrer ökonomischen Restriktionen und angesichts ihrer natürlichen Ressoucen konzentrieren sich viele Aufbruchländer dabei auf die wichtigste und technologisch am weitesten erschlossene Quelle erneuerbarer Energien: die Wasserkraft.

Bis 2050 wird die Weltbevölkerung von heute sechs auf dann knapp neun Milliarden Menschen gewachsen sein. Der mit Abstand größte Zuwachs wird für Asien prognostiziert. Zum Glück für die Menschen begünstigt die topografische Lage vieler Staaten den Ausbau der Wasserkraft.

Es klingt paradox, doch seit Beginn des neuen Jahrtausends scheint die Wasserkraft in Indien geradewegs zu explodieren. Wurde im Jahr 2000 mit 74 Terawattstunden Gesamtleistung noch eher ein geringes Niveau erreicht, so soll die Stromerzeugung über Staudämme und Kraftwerksanlagen bis 2010 auf 129, bis 2030 auf 208 Terawattstunden ansteigen. Die indische Regierung unter Premierminister Vajpayee hat zur Jahrtausendwende ein ehrgeiziges Entwicklungsprogramm aufgelegt, das vorsah, bis 2017 etwa 50 000 Megawatt Wasserkraftleistung zusätzlich zu installieren. Mittlerweile ist eine andere Regierung im Amt, die aber dieses Programm fortführt. Daneben will Indien seine Kohle- und Erdgasvorräte sukzessive weiter erschließen; auch die Nuklear-, Solar- und Windenergie spielen wichtige, wenngleich zahlenmäßig unbedeutende Rollen. Trotz dieser Anstrengungen werden aber auch in naher Zukunft noch einige hundert Millionen Inder ohne Elektrizität leben müssen. Der Ausbau des enormen Potenzials an Wasserkraft – bisher wurden erst 17 Prozent des technischen Potenzials ausgeschöpft – fordert große finanzielle und planerische Aufwendungen sowie weiterhin politische Stabilität auf dem bevölkerungsreichen Subkontinent.

Auch die noch ganz am Beginn ihrer wirtschaftlichen Entwicklung stehenden Länder sehen in der Stromerzeugung aus Wasserkraft den begehrten Schlüssel für

China hat das größte Wasserkraftpotenzial der Welt. Schon heute liegt das bevölkerungsreichste Land der Erde bei der Wasserkraftnutzung hinter den USA und Kanada an dritter Stelle.

das Tor in eine bessere Zukunft. Zwei Milliarden Menschen in den ländlichen Regionen Afrikas, Asiens und Lateinamerikas, rund ein Drittel der Weltbevölkerung, haben noch keinen zuverlässigen Zugang zu elektrischer Energie. Große technische Bauwerke wie das Kraftwerk am Assuan-Staudamm in Ägypten, das zwischen 1967 und 1970 abschnittsweise in Betrieb genommen wurde, oder Cabora Bassa in Moçambique, 1974 errichtet und 2002 komplett erneuert, sollen dem abhelfen. Auch andere Regierungen auf dem Schwarzen Kontinent setzen auf die regenerative Kraft des Wassers. Im Okawango-Delta auf namibischem Staatsgebiet entsteht derzeit ein Großstaudamm. Mit Gilgel Gibe II in Äthiopien und Lower Kafue Gorge in Sambia gingen 2004 zwei neue Wasserkraftwerke ans Netz – ihre Leistung liegt bei 420 und 600 Megawatt. Auch in Südafrika geht der Ausbau der Wasserkraft weiter. Gegenwärtig entsteht im südafrikanischen Braamhoek ein Wasserkraftwerk mit einer Leistung von 1020 Megawatt. Die Anlage soll 2007 in Betrieb gehen – was bedeutet, dass dann erneut mehrere hunderttausend Menschen mehr an das Stromnetz angebunden sein werden.

Im Reigen der erneuerbaren Energien kommt der Wasserkraft eine Sonderstellung zu: Sie ist permanent verfügbar, während Windräder nur Strom produzieren, wenn der Wind bläst.

Schon deswegen ist die Wasserkraft für viele Weltregionen nicht nur ein Energie-, sondern auch ein Hoffnungsträger. In mehr als 80 Ländern der Erde, darunter China, Indien, Iran und die Türkei, werden zurzeit Projekte zur Nutzung der Wasserkraft verfolgt. Das Spektrum reicht von ersten Schritten wie der Analyse des weiteren Wasserkraftpotenzials in Südafrika und Sambia bis hin zu ehrgeizigen Großbauvorhaben wie dem Drei-Schluchten-Damm in China. Und selbst wenn die komplette Erschließung der Wasserkraftressourcen der Erde längst nicht die künftig zu erwartende Nachfrage abdecken kann, trägt jedes einzelne Projekt doch den Keim umweltfreundlicher und fossile Brennstoffe schonender Energiegewinnung in sich. Darüber hinaus sind die Planung und Errichtung von Wasserkraftwerken meist in umfassende Entwicklungsprogramme eingebettet. In deren Kontext wird die Wasserversorgung reguliert, werden Arbeitsplätze geschaffen, die sozialen Lebensbedingungen und die medizinische Infrastruktur verbessert. Wasser hat das Leben erst möglich gemacht – mit Wasserkraft wird Leben menschenwürdig.

Die Technik der Wasserkraftnutzung hat einen hohen Reifegrad erreicht und arbeitet in den vielfältigen Kraftwerksformen nachweislich zuverlässig und hocheffizient. Das in Speicherkraftwerken gesammelte, gigantische Energiereservoir kann bedarfsgerecht abgegeben werden. Darüber hinaus schützt das von Staudämmen und Speicherbecken zurückgehaltene Wasser nicht unerheblich vor Hochwasser und Überschwemmungen. Schließlich kann das Endprodukt Strom berechenbar und gleichmäßig produziert werden. Das gelingt mit Windkraftanlagen und Solarzellen nicht.

In Konkurrenz zu anderen erneuerbaren Energien wie Sonnenlicht, Wind und Biomasse schneidet die Wasserkraft vergleichsweise gut ab. Diese so genannten grünen Energien komplettieren im besten Fall das Energieportefeuille. Denn trotz aller bisher erreichten Fortschritte bleibt selbst deren theoretisches Potenzial deutlich hinter dem der Wasserkraft zurück.

GLOBALE POTENZIALE DER WASSERKRAFT

Energie ist eine höchst nachgefragte Ressource. Nach einer Prognose des „International Energy Outlook“ wird der weltweite Verbrauch an Primärenergie bis zum Jahr 2020 um 60 Prozent zunehmen. Bis zur Mitte des 21. Jahrhunderts wird die Nachfrage sogar auf das Dreifache des aktuellen Bedarfes gestiegen sein. Konzentriert man den Blick nur auf den Stromverbrauch, sehen die erwarteten Zahlen noch beeindruckender aus. Weltweit, so die Vorhersage, sollen 2020 rund 22 000 Terawattstunden Strom benötigt werden. Dies entspricht nahezu einer Verdoppelung des Bedarfs aus dem Jahr 1997 und macht deutlich, dass das Potenzial der Wasserkraft künftig auf jeden Fall und so effizient wie möglich ausgeschöpft werden muss.

Fachleute schätzen das weltweit verfügbare theoretische Potenzial etwa auf das Fünffache der heute installierten Leistung der Wasserkraft. Damit könnte der gesamte Strombedarf der Welt mit Wasserkraft erzeugt und gedeckt werden. Doch ist das nur eine sehr abstrakte Rechnung. In der Praxis kann dies nicht gelingen. Neben technischen, ökonomischen und politischen Restriktionen, die die Realisierungschancen einzelner Vorhaben schmälern, stößt die Vision vom unendlichen Energiefundus Wasserkraft an topografische und geografische Grenzen. Zwar wurden in 150 Ländern der Welt Potenziale zur Nutzung von Wasserkraft aufgedeckt. Aber die Wasserreservoires auf der Erde sind höchst ungleich verteilt. Rund zwei Drittel des nutzbaren Wasserkraftpotenzials liegen in Ländern der Dritten Welt.

Die folgende Übersicht macht deutlich, wo – geografisch gesehen – die größten Potenziale der Wasserkraft liegen:

	Technisches Potenzial (TWh/a)	Wirtschaftl. Potenzial (TWh/a)	derzeit installierte Leistung (TWh/a)	Im Bau (MW)	Geplant (MW)
Afrika	1888	1100	81	1806	75
Asien	6800	3600	793	68 664	154
Australien	270	107	42	175	1
Europa	1035	791	593	1978	8
Nord- und Mittelamerika	1663	1000	700	3931	12
Südamerika	2700	1600	531	11 438	39
Welt	14 356	8198	2740	87 992	289

Quelle: Externe Expertise für das WBGU-Hauptgutachten 2003
„Welt im Wandel: Energiewende zur Nachhaltigkeit"

Nach Ansicht von Experten ist das technische Potenzial der Wasserkraft weltweit auf jährlich gut 14 000 Terawattstunden limitiert. Zieht man darüber hinaus ökonomische Überlegungen ins Kalkül, so verringert es sich auf etwas über 8000 Terawattstunden (wirtschaftliches Potenzial) im Jahr. Ein knappes Drittel davon (2740 Terawattstunden im Jahr), das entspricht einer addierten Kraftwerksleistung von 700 Gigawatt, wird in bestehenden Wasserkraftwerken heute bereits produziert. Weitere 108 Gigawatt Leistung kommen künftig über projektierte oder bereits im Bau befindliche Anlagen hinzu (Quelle: International Hydropower Association, IHA).

Hinsichtlich der heutigen Nutzung und der weiteren Erschließungsmöglichkeiten der Wasserkraft unterscheiden sich die Kontinente ganz erheblich. In Europa wird das Potenzial der Wasserkraft mit 75 Prozent zum größten Teil genutzt. Doch geht bei dieser Durchschnittsbetrachtung die zum Teil extrem unterschiedliche Nutzung in den unterschiedlichen Ländern verloren. So hat die Wasserkraft in Norwegen einen Anteil von mehr als 99 Prozent am nationalen Energieportfolio, während dies in Deutschland nur rund vier Prozent sind.

Norwegen ist ein Land mit ausgeprägten Gebirgszügen und Gefällhöhen sowie weit höheren Niederschlagsmengen, als sie in Mittel- und Südeuropa vorkommen. Festgehalten werden die Wassermassen von 336 großen und mehr als 2500 mittelgroßen Staudämmen von mehr als vier Meter Höhe. Nach einer Studie aus dem Jahr 2000 weist das Land ein hohes theoretisches Potenzial von 560 Terawattstunden auf, ein technisches von 200 Terawattstunden und ein ökonomisches von 187 Terawattstunden. Rund 59 Prozent des technischen Potenzials sind ausgebaut. Die aktuelle Kapazität beträgt 27 600 Megawatt, davon 323 Wasserkraftwerke mit einer Kapazität von mehr als zehn Megawatt und 424 Mikro-Kraftwerke mit einer Gesamtleistung von 932 Megawatt. Insbesondere das Potenzial dieser Kleinstanlagen (9000 Gigawatt) ist damit erst zu einem Bruchteil erschöpft.

Trotz vier „conservation plans" sowie vielen kleinen und großen Nationalparks, die insgesamt 40 Prozent der Fläche Norwegens ausmachen, gibt es Widerstand gegen einen weiteren Ausbau der Wasserkraft, speziell an Flüssen, an denen es bisher keine industriellen Aktivitäten gibt. Dem gegenüber stehen die Kommunen. Sie treiben den Ausbau der ländlichen Gebiete voran, um dort Voraussetzungen für die Ansiedlung der Wirtschaft zu schaffen.

Deutschland deckt rund vier Prozent seines Energiebedarfes aus Wasserkraft. Rund 5700 Wasserkraftanlagen sind hierzulande in Betrieb und kommen zusammen auf eine Leistung von 5 500 Megawatt. Im Vergleich zum Nachbarland Österreich, wo die Wasserkraft 72 Prozent des nationalen Energieportfolios deckt, ist das nicht viel. Aber sehr viel mehr lassen die natürlichen Ressourcen nicht zu. Im Vergleich zu seinen Nachbarn hat Deutschland relativ flache Geländeformen und verfügt nur über wenige große Flüsse. Insbesondere die Flüsse in Norddeutschland eignen sich kaum für Wasserkraftwerke; das Gefälle von Elbe, Oder und Saale ist zu gering. Die meisten Wasserkraftwerke liegen deshalb, der Geografie entsprechend, an den Flüssen in Bayern und Baden-Württemberg: an Rhein, Donau, Iller, Lech, Isar, Inn, Mosel, Neckar und Main.

An der Spitze Europas liegt *Deutschland* hingegen, was die Nutzung des vorhandenen Wasserkraftpotenzials betrifft. Von dem technisch machbaren Potenzial von jährlich rund 24 Terawattstunden werden heute bereits 19 Terawattstunden „geerntet". Die Ausschöpfung des restlichen Potenzials wäre durch Neubauten weniger großer Kraftwerke mit Einzelleistungen von mehr als fünf Megawatt, Revitalisierungen stillgelegter Anlagen und Erweiterungen bestehender Kraftwerke möglich. Die meisten im Betrieb befindlichen Wasserkraftwerke mit Leistungen über einem Megawatt wurden vor 1960 gebaut. Die gegenwärtig lebhaft diskutierte Errichtung von Kleinkraftwerken mit Leistungen von zum Teil deutlich unter einem Megawatt würde den Wasserstromanteil in Deutschland nur marginal nach oben treiben. Würde man das hier vermutete Potenzial komplett ausschöpfen, ließe sich nur eine zusätzliche jährliche Strommenge von 0,3 Terawattstunden erzielen.

Ähnlich differenziert wie in Europa muss die Wasserkraft-Landkarte des *nordamerikanischen Kontinents* gelesen werden. Die Durchschnittsbetrachtung, nach

Wie lange leuchtet eine Kilowattstunde?

Die Zahlen klingen beeindruckend: Das Kraftwerk Itaipú in Brasilien hat eine Leistung von 14,0 Gigawatt, und das Wasser des Nils zwingt den Generatoren unterhalb des Assuandamms 2100 Megawatt ab. Und alle Wasserkraftwerke, die weltweit installiert sind, produzieren in einem Jahr 2740 Terawattstunden (2003) elektrischen Strom. Was bedeuten diese unvorstellbar großen Zahlen und Einheiten?

Zu Ehren des Erfinders der Dampfmaschine, James Watt (1736–1819), wird die Maßeinheit für „Leistung" nach ihm benannt (abgekürzt W). Im physikalischen Sinne ist Leistung eine Arbeit, die in einem bestimmten Zeitintervall geleistet wird. Die Stärke von Kraftmaschinen, wie Automotoren, Elektromotoren oder Pumpen, wird in Watt angegeben. Aber auch Glühbirnen werden nach ihrer „Wattzahl" verkauft. Durch eine Glühbirne von 100 Watt fließt je Zeiteinheit mehr Strom als durch eine 40-Watt-Lampe, die 100-W-Birne leuchtet heller und leistet also mehr.

Um aber überhaupt etwas leisten zu können, muss Energie vorhanden sein. Energie ist ein schwer fassbarer Begriff, denn sie kann weder erzeugt noch vernichtet, sondern nur von einer Form in eine andere umgewandelt werden. Die potenzielle Energie, die in einem flussab schwimmenden Wassertropfen steckt, wird hinter einer Staumauer gespeichert, dann in einer Turbine in die mechanische Energie der Rotation der Turbinenwelle umgewandelt. Im Generator, der an diese Turbinenwelle gekoppelt ist, findet schließlich die Transformation in elektrische Energie statt. Je mehr Energie in einer gewissen Zeiteinheit in Strom umgewandelt wird, desto größer ist die Leistung eines Generators.

Aus diesem Vorgang leitet sich eine andere Maßeinheit ab, die bei der Beschreibung von Wasserkraft immer wieder vorkommt, die Kilowattstunde (kWh) nämlich. Wenn eine Maschine mit einer Nennleistung von 1 Kilowatt genau 1 Stunde unter Volllast in Betrieb ist, hat sie die Energie von 1 Kilowattstunde umgewandelt. Das heißt:
Ein 1-kW-Generator hat in einer Stunde 1 kWh elektrische Energie „erzeugt", ein 1-kW-Elektromotor hat unter Volllast in dieser Zeit ebendiese Energie „verbraucht". Aber auch hier gilt, dass Energie weder hergestellt noch vernichtet werden kann. Im Generator sind vielmehr 1 kWh mechanischer Energie in elektrischen Strom „veredelt" worden –

der das Potenzial mit 69 Prozent nahezu erschöpft ist, gibt ein falsches Bild. Denn zwischen dem nördlichen Manitoba County in Kanada und dem südlichen US-Bundesstaat Texas gibt es riesige topografische Unterschiede. Während insbesondere in den wasserknappen und petroleumreichen südwestlichen Bundesstaaten der USA das Erdöl dominiert, verdankt Kanada einen Großteil seiner wirtschaftlichen Entwicklung der Existenz und der Ausnutzung seiner natürlichen Wasserressourcen.

In *Kanada*, mit knapp zehn Millionen Quadratkilometer Fläche eines der größten Länder der Erde, wird der Energiebedarf in den nächsten 20 Jahren mit jährlich 1,3 Prozent zwar nur moderat zunehmen. Dafür ist Kanada mit 353 300 Gigawattstunden der größte „Energie aus Wasserkraft"-Produzent der Welt. Rund 62 Prozent des in Kanada verbrauchten Stroms stammen aus Wasserkraft. Insgesamt 804 große Dämme stauen zusammen 650 Kubikkilometer Wasser auf und versorgen Kraft-

daher der Begriff Stromerzeugung. Im Elektromotor ist im gleichen Zeitraum 1 kWh elektrischer Energie in mechanische Arbeit umgewandelt worden.

Doch was ist eine Kilowattstunde nun wirklich „wert"? Mir ihr kann eine 100-W-Glühbirne zehn Stunden ununterbrochen leuchten. Mit einer Kilowattstunde lässt sich eine elektrische Zahnbürste (200 Watt) fünf Stunden betreiben, was jedoch kein Mensch allein aus Zeitmangel tun wird. Die gleiche Energiemenge reicht weiter aus, einen Hefekuchen zu backen, einen 300-Liter-Kühlschrank zwei Tage zu betreiben oder eine Maschine Wäsche zu waschen. Hochgerechnet auf die jährliche Stromausbeute von Itaipú von 93,4 Milliarden Gigawattwattstunden (2003) bedeutet das, dass damit jeder der 15 Millionen Bewohner von São Paulo mehr als 17 Jahre lang täglich einen Hefekuchen backen oder seine Wäsche waschen kann.

Und nun zu den großen Zahlen: Damit Ingenieure nicht ständig mit unüberschaubaren Mengen an Nullen hantieren müssen, haben sie verschiedene Abkürzungen für den Faktor 1000 erfunden. Ebenso wie 1 Kilometer 1000 Meter lang ist, entspricht 1 Kilowatt genau 1000 Watt. Im allgemeinen Sprachgebrauch werden 1000 Kilometer zwar nicht als 1 Megameter bezeichnet, bei „Elektrikern" ist diese Abkürzung aber üblich, also 1 Megawatt (MW) entspricht 1000 Kilowatt oder 1 Million Watt. Das Gigawatt (GW) ist noch einmal um einen Faktor 1000 größer. Es entspricht also 1000 Megawatt und damit 1 Million Kilowatt oder 1 Milliarde Watt. Die nächstgrößere Einheit ist dann das Terawatt; rechnet man ein Terawatt in Watt um, so ergibt sich eine Zahl mit zwölf Nullen.

1 kW	= 1 Kilowatt	= 1000 Watt
1 MW	= 1 Megawatt	= 1000 kW
1 GW	= 1 Gigawatt	= 1000 MW
1 TW	= 1 Terawatt	= 1000 GW

1 kWh	= 1 Kilowattstunde	= 1000 Wattstunden
1 MWh	= 1 Megawattstunde	= 1000 kWh
1 GWh	= 1 Gigawattstunde	= 1000 MWh
1 TWh	= 1 Terawattstunde	= 1000 GWh

werke zwischen Atlantik und Pazifik mit einer Leistung von zusammen 67 100 Megawatt. 3500 Megawatt sind im Bau. Geplant ist die Erschließung von rund der doppelten Leistung, die meisten davon in Québec und in British Columbia. Mit 118 Gigawatt (das entspricht einer jährlichen Stromproduktion von 631 Terawattstunden) ist das noch unausgeschöpfte technische Potenzial der Wasserkraft in Kanada etwa zwei Mal so hoch wie das bisher erschlossene. Einen weiteren Ausbau vor allem durch große Energieversorger bedrohen allerdings die anhaltenden Diskussionen zwischen Politik und Kraftwerksbetreibern auf der einen Seite sowie Umweltschützern und den kämpferischen Vertretern der indianischen Ureinwohner (First Nations) auf der anderen Seite. Außerdem treten Solar- und Windenergie stärker in Konkurrenz zur Wasserkraft.

DIE WACHSTUMSMÄRKTE DER WASSERKRAFT LIEGEN IN LATEINAMERIKA UND ASIEN

Während die Kraft des Wassers in den Vereinigten Staaten, Europa und Australien in weiten Gebieten erschlossen wurde, nutzen die Länder Afrikas erst rund sieben Prozent ihrer natürlichen Wasserressourcen. Allerdings sind besonders vor dem Hintergrund der politischen und wirtschaftlichen Unsicherheiten hier zurzeit kaum weitere nennenswerte Projekte erkennbar. Ganz anders dagegen stellt sich die Lage in Lateinamerika und in Asien dar, hier vor allem in China. Einige Zahlen mögen den gewaltigen Kraftakt illustrieren, den sich das Reich der Mitte vorgenommen hat.

- Der enorm wachsende Bedarf an Energie hat in den zurückliegenden Jahrzehnten zum Bau von nahezu 26 000 Staudämmen mit einer Höhe von jeweils mehr als 15 Metern mit einer gesamten Staukapazität von 490 Kubikkilometer geführt. 4700 dieser Dämme sind höher als 30 Meter, rund 90 Dämme überragen sogar die Grenze von 60 Metern. Im Moment befinden sich u. a. folgende Großdämme im Bau: Xiaowan (292 Meter), Shuibuya (233 Meter), Longtan (192 Meter), Sanbanxi (186 Meter), Hongjiadu (182 Meter) und Drei-Schluchten (175 Meter).

- Nach einer Untersuchung aus dem Jahr 1992 verfügt China über ein theoretisches Wasserkraftpotenzial von jährlich 6600 Terawattstunden oder 676 Gigawatt installierter Kapazität, technisch 1920 Terawattstunden im Jahr oder 378 Gigawatt, ökonomisch bleiben 1270 Terawattstunden jährlich oder 293 Gigawatt. Rund 23 Prozent des technischen Potenzials sind ausgeschöpft.

- Im Jahresdurchschnitt werden 257 500 Gigawattstunden elektrischer Strom aus Wasserkraft gewonnen. Damit kommen heute rund 17,4 Prozent der Elektrizität aus Wasserkraft. Die weiteren Planungen sehen einen Ausbau auf 125 bis 155 Gigawatt in 2010, 210 Gigawatt bis 2020 und 430 Gigawatt bis 2050 vor. 35 Gigawatt sind bereits im Bau, 50 Gigawatt in konkreter Planung.

- Folgende große Projekte sind derzeit im Bau: Drei-Schluchten (18 200 Megawatt bis 2009, später weitere 4200 Megawatt), Longtan (4200 Megawatt, Ausbau auf 5400 Megawatt bis 2009), Xiaowan (4200 Megawatt bis 2012), Shuibuya (1840 Megawatt bis 2012), Gongboxia (1500 Megawatt bis 2006), Sanbanxi (1000 Megawatt bis 2009), Pubugou (3300 Megawatt bis 2010) und Laxiva (3720 Megawatt bis 2011).

- Folgende große Projekte (über 1000 Megawatt) stehen in den nächsten zehn Jahren an: Jinping I (3300 Megawatt), Xiluodu (12 800 Megawatt), Nuozhadu (5550 Megawatt), Goupitan (2400 Megawatt), Daliushu (2000 Megawatt), Xiangjiaba (6000 Megawatt), Qikou (1800 Megawatt) und Jiudianxia (1800 Megawatt).

- Aktuell werden 5700 Megawatt mit Pumpspeicherkraftwerken erzeugt, 6120 Megawatt sind im Bau, und weitere 58 180 Megawatt sind geplant. Gebaut werden derzeit die Pumpspeicherkraftwerke: Tai'an (1000 Megawatt), Tongbai (1200 Megawatt), Yixing (1000 Megawatt) und Zhanghewan (1000 Megawatt). Geplant ist Xilongchi (1200 Megawatt).

- Kleine Wasserkraftwerke haben ein Potenzial von 87 000 Megawatt. Momentan sind 43 000 dieser kleinen Kraftwerke am Netz mit einer Leistung von rund 26 Gigawatt und einer Produktion von etwa 880 Gigawattstunden im Jahr, weitere 6000 Megawatt sind im Bau, weitere 20 000 Megawatt sind bis 2010 geplant.

Aus der Praxis der letzten 50 Jahre heraus sind zahlreiche Gesetze und Vorschriften zum Bau von Dämmen entstanden. Vor der Implementierung eines Projektes entscheidet der National People's Congress. Auch für Umwelt und Umsiedlungen gibt es strenge Auflagen, die immer wieder überprüft und angepasst werden.

Trotz des schnellen Ausbaus neuer Energiequellen in China ist der Pro-Kopf-Verbrauch immer noch sehr gering und weitaus niedriger als in den westlichen Industriestaaten. Bei einem angestrebten jährlichen Wirtschaftswachstum von sieben Prozent ist deshalb ein weiterer Ausbau unerlässlich. Bereits 2005 betrug die insgesamt – also nicht nur Wasserkraft – installierte Leistung 400 Gigawatt – was 1800 Gigawattstunden entspricht. (Zum Vergleich: in den Vereinigten Staaten beträgt sie 80 Gigawatt bzw. 300 Gigawattstunden). Bis 2050 sollen dann 1500 Gigawatt installiert sein, davon 430 Gigawatt aus Wasserkraft. Damit läge der Wasserstromanteil bei rund 30 Prozent. Wird dieses Ziel erreicht, werden in China rund 90 Prozent des technischen Potenzials ausgeschöpft sein.

Christine Demmer und Georg Küffner

WASSER: DAS UMWELTTHEMA NUMMER EINS

IM GESPRÄCH MIT ACHIM STEINER,
GENERALDIREKTOR DER GRÖSSTEN UMWELTORGANISATION DER WELT IUCN

Der globale Blick auf die Umwelt, den Steiner völlig unprätentiös im kargen Konferenzsaal der Weltnaturschutzunion (IUCN) in Gland zu bieten vermag, ist keine Anmaßung: Obwohl er erst das vierte Jahrzehnt begonnen hat, kann er bereits einen Lebenslauf vorweisen, um den ihn mancher Ältere beneiden dürfte. Steiner widerlegt auf eindrucksvolle Weise das Vorurteil, die Deutschen seien zu wenig polyglott und machten deshalb in internationalen Gremien nur selten Karriere. Ständige Wechsel des Wohnortes, auch über Kontinente hinweg, sind für ihn nichts Ungewöhnliches, obwohl Steiner nicht etwa aus einer Familie von Diplomaten kommt, sondern ein Bauernsohn ist. Doch schon sein Vater klebte nicht an der heimischen Scholle: Als Sudetendeutscher ging er nach Lateinamerika, weil er in Deutschland keine Chance als Landwirt sah. Der Sohn lebte zehn Jahre in Brasilien. Als Jugendlicher ging er nach Großbritannien, um sein Englisch zu polieren. Er studierte in Oxford, Berlin und Amerika. Später arbeitete er in Washington, in Eschborn bei Frankfurt sowie in Pakistan und Südafrika. „Es sieht aus, als wäre ich ständig auf der Flucht gewesen", schmunzelt Steiner.

Genf und Lausanne kennen viele, doch bei Gland müssen die meisten passen, obwohl dies ebenfalls am Genfer See liegt. Bei Umweltexperten kann Achim Steiner dagegen mehr Geographiekenntnis in der Westschweiz voraussetzen, denn Gland ist zwar klein mit seinen knapp 8000 Einwohnern, doch groß in der Ökologie. Hier haben sich einige internationale Umweltorganisationen angesiedelt, wie etwa der World Wide Fund for Nature (WWF), seitdem Anfang der 60er Jahre die „World Conservation Union" nach Gland zog. Steiner ist seit drei Jahren Generaldirektor dieser Weltnaturschutzunion. Sie ist mit ihren 1000 Mitarbeitern zwar die größte Umweltorganisation, aber bei weitem nicht so bekannt wie etwa Greenpeace oder WWF, weil man keine spektakulären Aktionen macht. Die Organisation mit dem etwas sperrigen Kürzel IUCN (was für „International Union for the Conservation of Nature" steht) tritt nur – zumeist im Herbst – mit der „Roten Liste" gefährdeter Tier- und Pflanzenarten an die Öffentlichkeit, sonst aber versorgt sie Regierungen und Experten mit Umweltdaten, berät Firmen und Organisationen und hat als einzige „grüne" Institution Beobachterstatus bei den Vereinten Nationen.

Steiner kam 2001 nicht deshalb von Kapstadt, wo er in den drei Jahren zuvor als Generalsekretär die Arbeit der Weltkommission für Staudämme koordiniert hatte, zur Weltnaturschutzunion nach Gland, weil er Städte am Wasser liebt und ihn die lieblichen Gestade des Genfer

Sees besonders lockten. Der 41 Jahre alte Deutsche hat keine emotionale Beziehung zum Wasser, sondern ein vorrangig wissenschaftliches Interesse am nassen Element. Schon im Ökonomie-Studium (mit den Schwerpunkten Regional- und Entwicklungspolitik) lernte er Wasser nicht so sehr als modernes Wellness-Element kennen, sondern als eine Ressource, die Spannungen und Konflikte hervorruft. Das Wissen darum, dass Wasser vielfältigen Interessen genügen muss, wurde bei Praktika und ökologischen Projekten in Entwicklungsländern vervollständigt.

„In Westeuropa können wir kein Gespür für die lebenswichtige Bedeutung des Wassers entwickeln, weil es bei uns immer sauber und reichlich aus dem Hahn fließt", sagt Steiner. Wie schwer es ist, bei diesem Element allen Anspruchsberechtigten („stakeholdern") gerecht zu werden, wurde ihm erst recht offenbar in der Damm-Kommission. „Dieses Gremium war ja nicht gedacht als ein Forum von Alten und Weisen, die über den Dingen stehen, sondern es wurden ganz bewusst alle Gruppen einbezogen, die bei einem Staudamm unterschiedliche Forderungen haben. Für den Ausgleich dieser Interessen wollten wir Richtlinien aufstellen." Staudämme seien nicht entweder gut oder schlecht, es komme darauf an, dass alle, Betreiber und Anrainer, angehört werden und somit eine ausgehandelte Form der Entwicklung geschieht. Die erzföderalistische Schweiz sei in dieser Hinsicht mit ihren vielen Stauseen und Kraftwerken (rund 60 Prozent des Schweizer Stroms stammen aus Wasserkraft) ein gutes Vorbild, weil es hier immer viel lokale Mitbestimmung gab.

Wasser ist nach Ansicht von Steiner das Umweltthema Nummer eins. „Der Zwang zum Handeln ist hier gewaltig, weil es sonst in 30 Jahren Millionen von Menschen geben wird, die aus Mangel an Wasser anderswohin gehen müssen." Das Recht auf Wasser sollte daher von der Staatengemeinschaft als Menschenrecht verbrieft werden – ähnlich wie das Grundrecht auf Rede- und Religionsfreiheit. „Wir brauchen das nicht als philosophisches Prinzip, sondern als eine humane Norm zur Verteilung des immer knapperen Gutes."

Befürchtet Steiner, wenn friedliche Methoden versagen, demnächst Kriege um Wasser? Er schließt diese Gefahr zwar nicht aus, glaubt aber nicht an solch düstere Szenarien. Er verweist darauf, dass selbst miteinander verfeindete Staaten wie Indien und Pakistan es beim Wasser geschafft haben, sich auf Abkommen zu einigen und diese auch einzuhalten. Ähnlich sei es zwischen Syrien und der Türkei. „Die Sorge um das Wasser muss zu einem Motor der internationalen Zusammenarbeit werden. Wenn wir es bei dieser lebenswichtigen Ressource nicht schaffen, dann Gute Nacht, Umweltpolitik."

Wie hält es Steiner mit der Privatisierung beim Wasser? Auch da ist er kein ökologischer „Fundi". Die Wasservorräte müssten ein öffentliches Gut bleiben und dürften somit nicht in private Hände. Doch bei der Verteilung des Wassers an Haushalte, Landwirtschaft und Industrie sollte man sich seiner Meinung nach fragen, welche Methode effizienter sei. Wenn in den Rohren privater Unternehmen weniger verschwendet wird, dann sei das umweltpolitisch sinnvoll. Das beste Konzept der Ökologen bestehe immer darin, ihr Wissen und ihre Dienstleis-

„Der Zwang zum Handeln ist gewaltig, weil es sonst in 30 Jahren Millionen von Menschen geben wird, die aus Mangel an Wasser anderswohin gehen müssen."

tungen auch in Beziehung zu setzen zu ökonomischen Denkmustern, dann werde mit Knappheit am sorgfältigsten umgegangen. Der IUCN-Generaldirektor erwartet, dass in den nächsten 20 Jahren wegen des Wassermangels auch die Preise für ökologische Dienstleistungen steigen. So werden etwa Betreiber von Staudämmen den Anliegern am Oberlauf eines Flusses mehr Geld zahlen, damit diese zum Beispiel Wälder pflegen, die Regenwasser zurückhalten und Erosion verhindern.

Die Umweltpolitik war bisher dadurch geprägt, dass hehre Ziele formuliert wurden, etwa beim Rio-Gipfel 1992, die ökologischen Taten aber vergleichsweise bescheiden ausfielen (Beispiel: Klima-Protokoll). Ist Steiner angesichts der Diskrepanz von Zielen und Taten zum Zyniker geworden, weil er anders den Spagat intellektuell nicht bewältigen kann? Bei dieser Frage verändert sich seine Gestik, der freundliche und zuvorkommende Generaldirektor wird knapp und deutlich: „Zynismus ist ein Luxus, den sich nur ein Individuum leisten kann, nicht aber eine Gemeinschaft von Menschen." Steiner räumt ein, dass der Umweltbewegung Frustration nicht unbekannt ist. Doch er warnt vor Fatalismus und vor Öko-Fundamentalismus. Man müsse unterscheiden zwischen dem Bedürfnis, schnell etwas zu erreichen, und der Möglichkeit von Gesellschaften, diesem Anspruch auch gerecht werden zu können.

„Jeder von uns erlebt doch auch Erfolge. Wir haben es geschafft, die Welt auf ein Thema zu bringen, um das sich früher angeblich nur Spinner kümmerten." Jeder könne sehen, dass der Rhein sauberer geworden sei. Er verweist

„Zynismus ist in der Umweltpolitik ein Luxus, den sich nur ein Individuum leisten kann, nicht aber eine Gemeinschaft von Menschen."

auch auf die Erfolge bei Naturparks. Anfang der 90er Jahre wurde vereinbart, weltweit mindestens zehn Prozent der Fläche als Schutzzonen auszuweisen. Das Ziel sei erreicht worden. Im vergangenen Jahr waren es 11,8 Prozent, was mehr sei als die gesamte Ackerfläche auf der Welt. „Früher hat man die Leute ausgesiedelt aus solchen Parks, heute suchen wir nach Konsens-Lösungen, die Anwohner nicht ausschließen, sondern einbeziehen, was diese Umweltpolitik erleichtert."

Noch vor einigen Jahren, so Steiner, seien Umweltdebatten nach einem ganz anderen Muster verlaufen. Es gab ein Problem, dann folgten die Proteste. Solche Aktionen hält er weiterhin für sinnvoll, und insofern hätten Greenpeace und andere Aktivisten ihre Berechtigung nicht verloren, wenn sie Schornsteine erklimmen und Transparente enthüllen. Heute gelinge aber immer häufiger auch eine andere Methode, bei der ökologische Kriterien in politische Entscheidungen einbezogen würden. Das sei zwar nicht so spektakulär, aber effizienter. Auch Unternehmen, etwa Bergbaugesellschaften, meldeten sich immer häufiger bei seiner Organisation, um schon in der Projektphase mögliche ökologische Risiken zu erkennen. Steiner erkennt auch in der Werbung von Auto- und Ölkonzernen eine größere Sensibilität für Umweltthemen. „Je näher die Zerstörung in den Lebensraum eines jeden einzelnen Bürgers vordringt, umso empfindlicher reagieren die Menschen. Und weil das Wissen über ökologische Zusammenhänge schnell wächst, wissen wir inzwischen auch viel besser, dass die Kosten des Nichthandelns exponentiell wachsen."

„In fünf bis zehn Jahren wird die Ökologie wieder Hochkonjunktur haben."

Wird denn die Umweltpolitik wieder jenen Spitzenrang in der öffentlichen Wahrnehmung erreichen, den sie in den 80er Jahren hatte, der seitdem aber durch ökonomische Probleme (Arbeitslosigkeit, Angst vor Sozialabbau) überlagert wurde? Steiner sagt, in der Umweltpolitik habe es immer eine Pendelbewegung gegeben. Zurzeit sieht er das Pendel im unteren Wendepunkt. „In fünf bis zehn Jahren", prophezeit er, „wird die Ökologie wieder Hochkonjunktur haben. Wir können ja alle erkennen, dass die Situation ernster wird, die reale Veränderungsrate der Umwelt zunimmt – ob beim Artensterben oder in der Klimaerwärmung." Ein Drittel aller Amphibien sei vom Aussterben bedroht. Dies wusste vor fünf Jahren noch niemand, so Steiner, weil die Daten damals überhaupt noch nicht erfasst werden konnten. „Je mehr wir wissen über die Öko-Systeme, desto mehr wissen wir, welche Gefahren uns drohen." Aber reicht denn die wissenschaftliche Erkenntnis aus, damit die Menschen zur Tat schreiten? Steiner ist in dieser Hinsicht ein Optimist: „Die Menschen – und das gilt auch für Politiker – sind keine Lemminge, die massenhaft ins Verderben stürzen."

Kann man von der heilen Schweiz aus die globalen Umweltprobleme besonders gut erkennen, oder ist dieses Land nicht viel zu putzig für den ungeschönten Blick? Gerade Genf und das nördliche Ufer des Genfer Sees (Gland liegt auf halbem Wege nach Lausanne) sind mit ihren Villen und Weinbergen nicht ohne Grund ein Refugium der Reichen aus aller Welt, zu denen seit 1996 auch der Rennfahrer Michael Schumacher zählt. Er wohnt noch in Vufflens-le-Château, was nur etwa 20 Kilometer entfernt ist, wird aber demnächst nach Gland umziehen, wo er ein feudales Anwesen erwarb.

Steiner sagt, er sei nur die Hälfte der Zeit in der Schweiz, sonst aber an der „ökologischen Front" unterwegs. Bis zum Flughafen von Genf sind es nicht einmal 30 Minuten. Es arbeiten auch nur 120 Leute in dem unscheinbaren Gebäude in Gland, fast neun Zehntel der Mitarbeiter sind über die Welt verteilt in regionalen Büros. Früher war die IUCN, die sich wegen ihrer vielen staatlichen und zivilen Mitglieder auch als „grünes Netzwerk" zwischen Regierungen und Nichtregierungs-Organisationen (NGOs) versteht, eine von Europäern und Amerikanern dominierte Organisation. Heute kommen drei Viertel der Mitarbeiter aus Entwicklungsländern. Das wichtigste Instrument zur Analyse des globalen Öko-Systems sind die sechs Kommissionen, die sich etwa mit der ständigen Aktualisierung der „Roten Liste" befassen (diese Arbeitsgruppe hat 7000 Mitglieder), mit der Gründung oder dem Management von Naturparks sowie mit dem Umweltrecht. „Die Kommissionen sind unsere Fühler, die in allen Ländern den Finger am ökologischen Puls haben."

Aufgezeichnet von Konrad Mrusek

WASSERKRAFT UND UMWELT
NACHHALTIG WIRTSCHAFTEN

Bei neuen Staudammprojekten werden vor dem Aufstauen des Wassers die Bäume gefällt und verwertet. Das Entstehen von Treibhausgasen durch moderndes Holz kann so weiter reduziert werden.

Die sanfte Landschaft im kalifornischen Landkreis Tehama ist eine Wohltat für das Auge. Auf den großen, scheinbar endlos mit den Hügeln dahinschwingenden Weiden grast das Vieh. Der Vulkan Mount Lassen thront mit seiner auch im Sommer weißen Schneekappe hoch über der Landschaft. Unterbrochen wird der weit schweifende Blick nur durch eine Reihe schroffer Täler, welche die kleinen Flüsse im Laufe von Jahrtausenden in das vulkanische Gestein der Gegend gegraben haben. Im Grund der Täler plätschern vor allem nach der Schneeschmelze im Frühjahr klare Gebirgsbäche. Auf den Basaltsteinen an den Stromschnellen wächst smaragdgrünes Moos, am Ufer gedeihen Lilien und Schilf. Die Kronen knorriger Eichen spenden auch an heißen Sommertagen kühlen Schatten, und im Gebüsch am Ufer zwitschern Vögel. In dieser Idylle, weit von den Großstädten des bevölkerungsreichsten amerikanischen Bundesstaates entfernt, scheint die Welt noch naturnah und vollkommen in Ordnung. Tatsächlich wird aber kaum anderswo im Westen Nordamerikas jenes Spannungsfeld zwischen Wasserkraft und Umwelt deutlicher als im Einzugsgebiet des Battle Creek, des größten dieser Flüsse.

Mit seinen beiden Zuflüssen, North Fork und South Fork, schlängelt sich der Fluss auf einer Länge von 60 Kilometern von den Hängen des Lassen-Vulkans in das weite Tal des Sacramento River hinab. Er ist eines der ergiebigsten Gewässer in Nordkalifornien und fällt auch in den regenlosen Sommermonaten nie trocken. Weil er beständig ausreichend Wasser führte, schlossen sich Ende des 19. Jahrhunderts Landwirte in seinem Einzugsbereich zu einem Zweckverband zusammen und stauten den Fluss mit insgesamt acht, für heutige Verhältnisse recht kleinen Dämmen auf. Keines dieser gemauerten Wehre ist höher als zehn Meter, die meisten reichen gerade einmal fünf Meter hoch über den ursprünglichen Flusspegel. Zunächst führten die Landwirte durch Kanäle und Aquädukte Wasser aus den kleinen Stauseen zur Bewässerung ihrer Felder ab. Später gingen diese Anlagen in das Eigentum der regionalen Stromversorgungsgesellschaft ‚Pacific Gas and Electric' über. Sie leitete das Wasser aus den Kanälen zunächst in drei kleinen Kraftwerken durch Turbinen, bevor es auf die Felder der Landwirte gelangte. In den angeschlossenen Generatoren können insgesamt bis zu 33 Megawatt elektrischer Leistung erzeugt werden. Wer heute am Battle Creek entlangwandert oder sich mit dem Kajak flussabwärts treiben lässt, bekommt den Eindruck, dass sich die Wasserkraftanlagen harmonisch in die Landschaft einfügen. Die Wehre und Turbinenhäuser sind klein, gepflegt und haben in den weit über 100 Jahren, die seit ihrem Bau vergangen sind, würdige Patina angesetzt.

Alles, was man sich in Bezug auf umweltgerechte Energiegewinnung wünscht, scheint an diesem idyllischen Gewässer zu stimmen. Saubere Energie wird ohne

Luftbelastung erzeugt. Der Strom wird zwar ins Netz gespeist, dient im Wesentlichen der örtlichen Versorgung der im Unterlauf gelegenen Dörfer. Die Wehre am Battle Creek sind keine Großprojekte wie viele andere Talsperren im amerikanischen Westen. Weder haben Tausende von Quadratkilometer große Stauseen Täler und Flussauen überflutet, noch zerteilen – wie weiter südlich in Zentralkalifornien – Hunderte von Kilometern lange Aquädukte die Landschaft. Von den Turbinenhäusern unterhalb des Lassen-Vulkans gehen auch keine riesigen Überlandleitungen aus, die den Blick von der lieblichen Weidelandschaft ablenken könnten.

Früher, vor mehr als 150 Jahren, bevor die ersten Siedler und Goldgräber in die Sierra Nevada und die südlichen Ausläufer des Kaskadengebirges vorstießen, waren nahezu alle Bäche und Flüsse, die aus diesen Gebirgen zum Meer flossen, die Wiegen Dutzender Arten von Lachsen und Meeresforellen. Wegen seiner stetigen und sehr ergiebigen Wasserführung galt der Battle Creek als Kronjuwel dieser Flüsse und war ein an Fischen äußerst reiches Gewässer. Lachse, vor allem Königslachs (Chinook) und Coho, zwängten sich aus dem Pazifik kommend bei San Francisco durch das Goldene Tor, schwammen dann mehrere hundert Kilometer weit den Sacramento River hinauf und machten sich schließlich auf den Weg in die Oberläufe des Battle Creek. Dort laichten die Fische in den ruhigen Abschnitten des eiskalten Gebirgsbaches. Heutzutage sind Lachse und Wanderforellen aber dort sehr selten.

Es war keine Wasserverschmutzung wie bis vor wenigen Jahrzehnten am Rhein, welche die Fische aus diesem Gewässer vertrieb, denn auch heute noch ist Battle Creek ein äußerst klarer Fluss. Vielmehr wird der Rückgang der Fischpopulation allein auf die Nutzung der Wasserkraft zurückgeführt. Die Staudämme und Wehre versperrten den Fischen den Weg in die Oberläufe. In den Sommermonaten wurde so viel Wasser für die Bewässerung der Felder umgeleitet, dass das eigentliche, von den Fischen benutzte Flussbett oft zu einem Rinnsal zusammenschmolz. Umweltschützer, die wenigen verbliebenen indianischen Ureinwohner dieser Gegend, Naturliebhaber und Sportfischer begannen zu Beginn der 90er Jahre des 20. Jahrhunderts die Fischarmut zu beklagen. Den Flüssen dürfe ihre Lebensgrundlage, nämlich das Wasser, nicht weiter entzogen werden. Wasserkraftanlagen seien in dieser Hinsicht umweltschädlich und müssten verschwinden, wurde gefordert. Befürworter wiesen dagegen auf die unzweifelhaften Vorteile der Wasserkraft hin. Mit ihr lässt sich elektrischer Strom auf saubere Weise erzeugen, denn kein Brennstoff wird verbrannt und kein Atomkern gespalten. Wasserkraft ist – jeder Tropfen Niederschlag beweist es – erneuerbar und schont damit die fossilen Ressourcen. Im Gegensatz zu anderen erneuerbaren Energieträgern wie Wind und Sonne ist die Wasserkraft außerdem ständig verfügbar. Bereits zwei bis drei Minuten nach dem Öffnen des

Turbineneinlauf-Ventils in der Druck-Rohrleitung steht elektrische Energie zur Verfügung.

Zunächst standen sich beide Seiten am Battle Creek unnachgiebig gegenüber. Schließlich zeichnete sich im Jahre 1995 ein Kompromiss ab. Fünf der acht Wehre sollten abgebaut werden, die drei verbliebenen mit verbesserten Fischleitern ausgerüstet werden. Ziel des von der Bundesregierung in Washington und dem Bundesstaat Kalifornien finanzierten Kompromisses war es, den Lachsen die Wanderung in ihre alten Laichgebiete zu ermöglichen und gleichzeitig die Stromerzeugung und Wasserversorgung für die Landwirtschaft in Nordkalifornien sicherzustellen. Aber selbst knapp ein Jahrzehnt nach dem wegweisenden Kompromiss hat sich am Battle Creek nichts geändert. Kein Wehr wurde rückgebaut, keine Fischleiter erweitert. Das liegt daran, dass einerseits die Kosten – man hatte ursprünglich 25 Millionen Dollar geplant – erheblich unterschätzt wurden, denn mittlerweile wird mit dem Dreifachen gerechnet. Außerdem haben einige Umweltschutzgruppen inzwischen ihre Meinung geändert. Sie wollen keine „halben Sachen" mehr. Alle Dämme, Wehre, Turbinenhäuser und Aquädukte müssten vom Battle Creek verschwinden und die ursprüngliche Natur wiederhergestellt werden – nur dann sei man zufrieden.

Eine solche Verhärtung der Fronten findet man heutzutage nicht nur in Kalifornien, wo schon seit langem kein einziges Stauwehr mehr gebaut wurde, sondern auch an anderen Stellen in der Welt. Immer mehr Menschen betrachten Stauseen und Wasserkraftanlagen als schwere Umweltsünden der Vergangenheit und fordern nicht nur deren Abriss, sondern auch die naturgerechte Wiederherstellung der durch sie „zerstörten" Landschaft. Die Argumente gegen die Umweltverträglichkeit der Wasserkraft sind dabei vielfältig:

Beispielsweise lässt sich nicht bestreiten, dass Stauseen die Landschaft gründlich verändern. Im Jahre 1923 ging nach Meinung von Naturfreunden eines der schönsten Täler in der kalifornischen Sierra Nevada verloren, als der Tuolumne-Fluss hinter dem O'Shaughnessy-Damm zum Hetch-Hetchy-See aufgestaut wurde. Das Projekt versorgt noch heute San Francisco und seine Nachbarstädte mit Strom und Trinkwasser. John Muir, der große Romantiker der amerikanischen Umweltbewegung und Gründer des Sierra Clubs, schrieb damals, das in den Fluten versunkene Tal stünde an Schönheit dem Yosemite-Tal in nichts nach. Auch der hinter dem Glen-Canyon-Damm aufgestaute Lake Powell, der zweitgrößte künstliche See der Vereinigten Staaten, wirkt nach Meinung der Kritiker mitten in der Wüste Arizonas und Utahs fehl am Platze. Wieder andere meinen, dass es einer der schönsten Seen im Westen sei. Schlimmer noch sei es, so dessen Gegner, beim Drei-Schluchten-Damm in China, in dessen Wasser nicht nur einzigartige Naturschönheiten versin-

Wasserfälle sind ein unerschöpfliches Energiereservoir.
Ohne große Eingriffe in die Natur können hier Kraftwerksanlagen gebaut werden.

ken, sondern für den auch mehr als eine Million Menschen umgesiedelt werden mussten.

Die Unterbrechung des natürlichen Flusslaufes durch eine Talsperre oder ein Wehr verhindert nicht nur – wie im Battle Creek – die Wanderung von Fischen zu ihren Laichplätzen. Mit dem kontrollierten Wasserfluss aus einem Stausee ändert sich auch das gesamte Ökosystem im Unterlauf eines Flusses. Das natürliche Wechselspiel zwischen Sedimentation und Erosion wird unterbrochen. So gräbt sich der Colorado River schon längst nicht mehr immer tiefer in die uralten Gesteine des Erdaltertums. Stattdessen lagern sich Schlick und Sedimente im Stausee ab. Besonders dramatisch, so fürchteten Kritiker, sollte die Verlandung im durch den Assuandamm in Ägypten aufgestauten Nasser-See sein. Jener Schlamm aus dem äthiopischen Hochland, den der Nil jahrtausendelang entlang seinem Unterlauf ablagerte und der das Land überhaupt erst fruchtbar machte, würde den gesamten Stausee innerhalb weniger Jahrzehnte füllen, unkten Kritiker. Daraufhin wurde fast ein Fünftel des 162 Milliarden Kubikmeter betragenden Fassungsvermögens des Sees als „Totraum“ für die Ablagerung von Sedimenten reserviert. Aber selbst mehr als 30 Jahre nach dem Staubeginn hat sich erst eine Million Kubikmeter Schlick auf dem Seeboden abgelagert, also weit weniger als ein Prozent der ursprünglich erwarteten Menge.

Zu den Argumenten der Umweltschädlichkeit von Wasserkraftanlagen gehört auch, dass die Stromerzeugung oberhalb einer Talsperre nicht so sauber erscheint, wie man gemeinhin annimmt. Denn vor allem in tropischen oder subtropischen Gebieten entsteht bei der allmählichen Verwesung der durch das aufgestaute Wasser überfluteten Biomasse Methan, ein Treibhausgas wie das aus den Schloten herkömmlicher Kraftwerke ausgestoßene CO_2. Schließlich wird der Schutz vor Hochwasser durch Staudämme zu einem geringen Teil dadurch kompensiert, dass – wenngleich äußerst selten – Dammbrüche und damit Überflutungen im Unterlauf eines Flusses möglich sind. Seit jüngstem kommt hinzu, dass Dämme Ziele von Terroranschlägen sein könnten. Unter dem Strich, so heißt es in einer im November 2000 erschienenen, viel beachteten aber umstrittenen Untersuchung der Weltkommission für Staudämme, seien die Auswirkungen von Staudämmen auf die Ökosysteme eher negativ als positiv zu bewerten und hätten in vielen Fällen zu einem erheblichen und nicht umkehrbaren Verlust an Tier- und Pflanzenarten geführt.

All diesen Nachteilen steht jedoch gegenüber, dass die Wasserkraft weitaus weniger schädigend auf die Umwelt wirkt als andere Energieträger, denn der Strom, der in Wasserkraftwerken erzeugt wird, ist sauber. Hinzu kommt, dass die Wasserkraft vielseitig nutzbar ist. Während ein Kohlekraftwerk ein Monolith ist, der lediglich Strom, Abgase und Schlacke erzeugt, hat ein Stausee mit seinem angeschlossenen Turbinenhaus zahlreiche Facetten. Der See hinter einer Talsperre ist nämlich nicht nur ein Speicher für Trinkwasser oder für Wasser für die Bewirtschaftung landwirtschaftlicher Flächen. Der kontrollierbare Abfluss verhindert Überschwemmungen im Unterlauf des Flusses. Der See selbst ist – vor allem in dicht besiedelten Regionen – ein einzigartiges Naherholungsgebiet. So ist der Baldeneysee in Essen, der 1933 ebenfalls für die Stromerzeugung aufgestaut wurde, an Sommerwochenenden ein Anziehungspunkt für Spaziergänger, Wassersportler und Angler aus dem gesamten Ruhrgebiet und gleichzeitig beste Wohnlage in Essen.

Die Stromerzeugung aus Wasserkraft ist umweltfreundlich, weil der Strom völlig ohne Abgase entsteht und weder aus Turbinen noch aus Generatoren Kohlendioxyd und andere Abgase in die Atmosphäre gelangen. „Wasserstrom" verbraucht auch keine fossilen Rohstoffe. Die Wasserkraft ist eine erneuerbare Energiequelle, denn solange es oberhalb des Wehres regnet, läuft Wasser durch den Fluss und damit durch die Turbinen. Der Strom aus Wasserkraftwerken ist zudem schnell und vielseitig verfügbar. Einerseits kann er als einzige erneuerbare Energiequelle neben der Erdwärme zur Deckung der Grundlast eingesetzt werden, denn richtig verwaltet, ist in einem Stausee – oder in einem Laufwasserkraftwerk – immer Wasser vorhanden, das durch Turbinen geschickt werden kann. Sonnen- und Windenergie erzeugen dagegen in der Nacht oder bei Windstille keinen Strom und sind deshalb nicht zum Einsatz in der Grundlast– aber auch nicht als „planbare" Spitzenlast – geeignet. Dagegen lässt sich mit Strom aus Wasserkraft auch der Spitzenbedarf decken, denn ein Wasserkraftwerk braucht keine langen Anlaufzeiten wie Kohle- oder Kernkraftwerke. „Wasserstrom" ist immer in wenigen Minuten verfügbar, speziell aus Pumpspeicherkraftwerken. Diese Anlagen dienen auch dem Ausgleich von Kapazitäten. Mit während der Nacht anfallender „überschüssiger" Grundlast lassen sich Pumpen antreiben, die Wasser in höher gelegene Speicherbecken befördern. Von dort kann es zu Zeiten des Spitzenbedarfs abgerufen werden. Diese Anlagen tragen dazu bei, dass keine Lücken in der Stromversorgung entstehen.

Auch die Entstehung von Treibhausgasen durch die Verwesung von Biomasse in Stauseen ist – wenngleich nicht null – so doch sehr gering. Von Bedeutung ist dieses Problem hauptsächlich nur bei Talsperren in den Tropen, wo sehr viel Biomasse von einem Stausee überflutet wird. So fand man bei einer Untersuchung am Tucuruí-Damm in der Nähe der brasilianischen Hafenstadt Belém heraus, dass die Freisetzung von Treibhausgasen durch die Zersetzung aller überfluteten Biomasse gemessen an jeder Kilowattstunde erzeugter Energie höchstens ein Fünftel des CO_2-Ausstoßes eines Kohlekraftwerkes beträgt. In kanadischen Stauseen, dem Land, in dem die größte Menge elektrischer Energie durch Wasserkraft erzeugt wird, beträgt die Freisetzung von Treibhausgasen dagegen weniger als ein Dreißigstel. Der Wert ist erheblich geringer als in Brasilien, weil in den hohen geographischen Breiten Kanadas viel weniger Biomasse verwesen kann als im tropischen Dschungel Südamerikas.

Auch verändert nicht jede Wasserkraftanlage die Landschaft so nachhaltig wie ein großer Stausee. Beispielsweise kommen Laufwasserkraftwerke weitgehend ohne Wehre aus. Meist unsichtbar können auch die Gezeitenkraftwerke sein, die den stetigen, sich alle sechs Stunden erneuernden Wasserfluss der Tiden ausnutzen.

Selbst die Fische lassen sich auf ihrer Wanderschaft durch geeignete technische Maßnahmen schützen. Dazu war es allerdings notwendig, das Verhalten der wandernden Fischarten in einem Gewässer zu untersuchen. So beobachtete man einige Jahre lang an den Staustufen Koblenz und Lehmen an der Untermosel, wie verschiedene Arten von Fischen die unterschiedlichen Fischtreppen, -schleusen und -lifte annahmen. Meeresforellen, ja selbst fast ein Meter lange Atlantiklachse nutzen diese Hilfen, um in ihre Laichgewässer flussauf zu gelangen. Aber auch die katadromen Wanderfische wie Aale, die im Gegensatz zu Lachsen zum Laichen vom Süßwasser ins Meer wandern, überwanden mit diesen Hilfsmitteln die hemmenden Staustufen.

Inzwischen können auch die Turbinenschaufeln so konstruiert werden, dass sie nicht mehr tödliche Fallen für jene Fische sind, die sich auf ihrem Weg stromab in diese rotierenden Wasserkraftmaschinen verirren. Dazu haben die Ingenieure des deutschen Turbinenbauers Voith Siemens Hydro Power Generation fischfreundliche Kaplan-Turbinen entwickelt und vor allem in nordamerikanische Kraftwerke am Columbia River eingebaut. Der Vorzug dieser so genannten „Minimum Gap Runner" liegt in ihrer Spaltlosigkeit: Wo bei herkömmlichen Kaplan-Rädern beim Verstellen ein größerer Spalt entsteht, schließt die fischfreundliche Turbine bündig, denn die Schaufeln drehen sich auf kugelförmigen Laufflächen. Bei Versuchen an einer fischfreundlich konstruierten, mehr als sieben Meter großen Turbine im Bonneville-Damm des Columbia River stellte sich heraus, dass 96 Prozent der durch sie hindurchschwimmenden Fische überlebten. Die Schäden an Augen und Kiemen ebenso wie Schnittwunden und innere Verletzungen gingen um rund 40 Prozent zurück.

Auch eine andere von Voith Siemens Hydro Power Generation entwickelte Technik beeinflusst positiv den Fischreichtum in aufgestauten Flüssen, die aufgrund abgesenkter Fließgeschwindigkeiten und einem damit einhergehenden niedrigeren Sauerstoffgehalt mitunter Probleme bereiten. Mit den „sauerstoffeintragenden Francis-Turbinen" (Dissolved Oxygen Enhancement) kann ohne den Einsatz von Fremdenergie Umgebungsluft in das Wasser eingedüst werden. Der Sauerstoffgehalt steigt deutlich, da es mit dieser Technik gelingt, die Luft als sehr kleine Bläschen einzudüsen, so dass große „Reaktionsflächen" entstehen. Und so funktioniert der Luftein-

Blick von unten auf eine von Voith Siemens Hydro Power Generation entwickelte „fischfreundliche" Kaplan-Turbine. Durch ihre „Spaltlosigkeit" – zwischen Schaufel und Narbe – reduziert sich die Verletzungsgefahr für Fische.

trag: Die Turbinenschaufeln des Laufrades sind stellenweise hohl. Über feine Luftkanäle, die an den Austrittskanten der Schaufeln enden, besteht über ein spezielles System aus Rohrleitungen und Absperrventilen eine Verbindung zur Außenluft (Atmosphärendruck). Da der Druck des Wassers beim Austritt aus dem Laufrad kleiner als der Atmosphärendruck ist, entsteht ein Unterdruck – speziell bei Nennleistung der Turbine. Wenn nun während des Betriebes das Absperrventil in der Luftleitung geöffnet wird, strömt Luft durch das System zu den Austrittskanten des Laufrades und damit ins abströmende Wasser. Diese Technik bietet zwei Vorteile: Zum einen ist aufgrund der kleinen Luftbläschen der Sauerstoffeintrag vergleichsweise hoch, und zum anderen wird der Wirkungsgrad der Anlagen nur unwesentlich gemindert. Knapp ein Dutzend dieser „Luft"-Turbinen sind bisher in Staustufen von Flüssen an der Ostküste der USA eingebaut worden, weitere Anlagen sind in der Planung.

Einen anderen Weg, Eingriffe in die natürlichen Wasserläufe zu verringern, geht man inzwischen in Kalifornien. Anstatt einen Fluss in seinem Oberlauf zu

Stauwehre an Flüssen sind für Fische keine unüberwindbaren Hindernisse. Dafür sorgen sogenannte Fischtreppen, die aus mehreren kleinen Becken bestehen, die treppenartig hintereinander neben der Stauanlage angeordnet sind. Eine Lockströmung sorgt dafür, dass die Fische der „Treppe“ zugeführt werden.

stauen und dabei das aquatische Ökosystem durcheinander zu bringen, führt man das Wasser im Unterlauf so genannten off-stream-Speichern zu. Sie liegen, wie beispielsweise der Stausee hinter dem Los-Vaqueros-Damm im Landkreis Contra Costa, im Unterlauf eines Flusses. Wie das San-Luis-Reservoir in Zentralkalifornien wurde der Vaqueros-See in einem ökologisch weniger sensitiven Gebiet angelegt. Mit derartigen Zwischenspeichern können direkte Eingriffe in wertvolle Habitate und Laichgebiete vermieden werden.

Die Diskussion um Wasserkraft und Umwelt ist aber auch gleichzeitig eine Diskussion um die Entwicklung in den Schwellenländern und in Staaten in der Dritten Welt. Die Entwicklung in diesen Ländern ist ohne die Bereitstellung von Energie nicht möglich. Industrienationen, wie die Vereinigten Staaten oder Deutschland, können es sich heute leisten, Dämme auch einmal rückzubauen oder aufwendige Renaturierungsmaßnahmen einzuleiten. Amerikanische Politiker, wie der Innenminister der Clinton-Regierung, Bruce Babbit, sammelten politisch Punkte, indem sie sich mit einem Vorschlaghammer auf die Krone eines Staudamms stellten und ihn – zumindest symbolisch – zu demontieren begannen. Und auch das ist richtig, in den Industrieländern, allen voran den USA, ließe sich nämlich so manches Kraftwerk einsparen, wenn mit Energie sorgsamer umgegangen und damit insgesamt weniger verbraucht würde. In weniger entwickelten Ländern gibt es aber ein derartiges Einsparpotenzial nicht, vielmehr wird der Energieverbrauch auf absehbare Zeit kontinuierlich steigen. Zur Deckung dieses zunehmenden Energieverbrauchs setzen viele Staaten, vor allem China und Indiens, aber auch Länder in Afrika und Südamerika, auf die Wasserkraft zum Teil mit dem Bau großer Staudämme.

Bei diesen Großprojekten wird heutzutage wesentlich „sensibler" vorgegangenen als in der Vergangenheit, als beispielsweise Menschen, die im Einzugsreich geplanter Staudämme lebten, ohne Rücksicht auf ihre Belange umgesiedelt wurden. Auch Umweltveränderungen ober- und unterhalb von Dämmen wurde damals häufig unzureichend Beachtung geschenkt.

Entscheidenden Anteil am Umdenken hatte die bereits erwähnte Studie der Weltkommission für Staudämme, die mit Unterstützung der Weltbank und der Industrie erstellt wurde. Bauunternehmen, Wasserbehörden, Regierungen, und Umweltschutzgruppen berieten zwei Jahre lang über Vor- und Nachteile der Wasserkraft. Unter anderem wird in dem Bericht die frühe Beteiligung der betroffenen Bevölkerung gefordert. Für viele Beobachter zeigt die Studie einen Weg auf, Energiegewinnung aus Wasserkraft mit sozialer und ökologischer Verträglichkeit zu verbinden. Allerdings gibt es auch gegenteilige Ansichten. Dennoch hatte der Bericht zur Folge, dass sich Zulieferfirmen heute nicht mehr nur mit ihrem eigenen Lieferanteil beschäftigen. Vielmehr ist die sorgfältige Umsetzung mit möglichst geringen Auswirkungen auf Umwelt und Menschen inzwischen auch für sie zu einem Anliegen geworden.

Unbestritten ist aber auch, dass kein anderer Energieträger zudem zur so genannten sanften Entwicklung von Schwellenländern geeignet wie die sanfte Wasserkraft. Denn die unausweichlichen Eingriffe in das Ökosystem werden durch den gesellschaftlichen Nutzen der Energiegewinnung aus Wasserkraft ausgeglichen. Er reicht von der Erzeugung sauberer Energie über die vielfältigen Nutzungsmöglichkeiten für das gestaute Wassers bis hin zur Schonung der Ressourcen an fossilen Energieträger. Die Vielseitigkeit der Wasserkraft macht sie auch anderen erneuerbaren Energieträgern überlegen – denn ein Park aus Windkraftanlagen oder Sonnenzellen würde die Landschaft am Battle Creek unterhalb des Lassen-Vulkans viel mehr beeinflussen, als die alten Wasserkraftanlagen am Talboden.

Horst Rademacher

NICHT MEHR ALLEIN STOLZE SYMBOLE DES FORTSCHRITTS

IM GESPRÄCH MIT PROF. KADER ASMAL, EHEMALIGER MINISTER IN SÜDAFRIKA UND EHEMALIGER VORSITZENDER DER WELTKOMMISSION FÜR STAUDÄMME

Wie die meisten Südafrikaner respektiert und bewundert Kader Asmal den Gründungsvater des neuen Südafrika, Nelson Mandela. Bei einem seiner markanten Sätze indes weicht er ab, sieht das differenzierter. Mandela hatte gesagt: „Das Problem sind nicht die Dämme. Es ist der Hunger. Es ist der Durst. Es ist die Dunkelheit in den Städten. Es sind die Städte und die ländlichen Hütten ohne fließendes Wasser, Licht oder sanitäre Einrichtungen. Es ist die Zeit, die beim mühsamen Wasserholen vergeudet wird. Dort ist ein wirklich drückender Bedarf an Energie jeder Art. Anstatt Vorwürfe gegen Talsperren zu erheben oder sie hochzuloben, müssen wir lernen zu antworten: Es geht uns alle an. Wir alle müssen mit diesen schwierigen Fragen ringen."

Asmal, der für beides, die Schulen in den Townships wie auch für Dämme und Energie, zuständig war, hatte es in seinen fünf Jahren als südafrikanischer Erziehungsminister geschafft, viele tausend Schulen an das Stromnetz anzuschließen. Zugleich aber ist ihm bewusst, dass es auch bei der Energieversorgung durch Wasserkraftwerke Grenzen gibt, die abzuwägen sind: Als Minister für Wasserwesen hatte er zwischen 1994 und 1999 durch seine Energie und Argumentationskraft viele Menschen beeindruckt. So wurde er zum Vorsitzenden der World Commission on Dams WCD (der Weltkommission für Staudämme) berufen. Das Ziel der WCD war es, in einer heterogenen Arbeitsgruppe Grundlagen für die Behandlung und Beurteilung von großen Wasserkraftprojekten zu erarbeiten. Asmal neigt nicht zum einfachen Ja oder Nein, sondern zu klar umgrenzten Vorgaben.

Die Weltkommission hatte Ende 2000 nach zwei Jahren langer Beratungen neue Richtlinien als Empfehlung zur Entscheidungsfindung beim Bau von Dämmen vorgelegt. Ihr ist die erste umfassende, weltweite und unabhängige Untersuchung über das Für und Wider von Großstaudämmen sowie über Alternativen zur Entwicklung von Wasser- und Energieressourcen zu verdanken. Allerdings sind die Richtlinien durchaus umstritten. Es gibt zum Teil erhebliche Kontroversen. Beispielsweise sprechen einige Länder der WCD als Nichtregierungs-Organisation (NGO) die Legitimation ab, einer gewählten Regierung Richtlinien aufzuerlegen. Die WCD löste sich nach ihrem Abschlussbericht im Jahre 2000 auf. In einem Folgeprojekt Dams and Development Project (DDP) unter Schirmherrschaft der UNEP (United Nations Environment Programme) wird seit November 2001 versucht, Einvernehmen durch eine modifizierte Form der Umsetzung zu finden.

Die WCD war, sagt Asmal, letztlich eine Folge der Debatte über Globalisierung und ein Ausfluss der Bedenken gegen ein gescheitertes Entwicklungsmodell, in dem wirtschaftliche Ent-

wicklungen mit Sorgen um Umwelt und Gesellschaft zusammenstießen. Auch vier Jahre später zeigt sich Asmal mit den Ergebnissen zufrieden: Der Bericht habe dazu geführt, die Debatte zu versachlichen und zu zeigen, worauf vor dem Bau neuer Dämme zu achten ist. Auch zum Abschluss seines Jahrzehnts als Minister lässt ihn das Thema nicht los. Dies wird sichtbar an der Sachkenntnis und dem Enthusiasmus beim Gespräch, welches er lieber in einem Kunstmuseum und in einem indischen Curryrestaurant in Pretoria führt als in seinem Ministerbüro. Sein Einsatz als Vorsitzender der Kommission blieb nicht unbemerkt: Zu den vielen internationalen Auszeichnungen, die ihm sein Wirken als Menschenrechtler – 27 Jahre kämpfte er als Professor am Trinity College in Dublin aus dem irischen Exil gegen die Apartheidregierung – einbrachte, kam im Jahr 2000 der Stockholmer Wasserpreis hinzu. Er war einer von wenigen Politikern, denen dieser angesehene und ansonsten Wissenschaftlern vorbehaltene Preis verliehen wurde.

Asmal weiß, dass heute rund zwei Milliarden Menschen der Zugang zu Strom fehlt. In einer Welt mit verschmutzter Luft scheint Wasserkraft eine saubere Alternative zu sein, vor allem in Ländern, die mit Flüssen gesegnet sind. Dämme können aber auch Belastungen mit sich bringen: Oft würden beim Bau berechnete Kosten weit überzogen und die betroffenen Länder mit unvorhersehbaren Schulden belastet. Die WCD schätzte die Zahl der wegen des Baus von Dämmen umgesiedelten Menschen auf 40 bis 80 Millionen. Bisweilen nicht vorhersehbare Folgen für die Umwelt können sich aufgrund nachlässiger Studien und Vorhersagen verheerend auswirken, etwa auf die Artenvielfalt, verlorene Waldflächen oder ganze Ökosysteme. Und das Verhältnis der Kosten und des Nutzens sei oft ungleichgewichtig. So habe die Kommission ein gemeinsam getragenes Netz aus Werten finden wollen, welches vor der Entscheidung, ob und wann der Bau von Dämmen die beste Lösung sei, zum Tragen kommt. Dämme (und damit auch Wasserkraft), so fasst er das Ergebnis des umfangreichen Berichts in einem Kernsatz zusammen, seien weder die einzige mögliche Lösung, noch sollten sie grundsätzlich abgelehnt werden.

Asmal verweist auf Daten, die diese Empfehlungen bestimmen. In einem Drittel aller Länder trägt Wasserkraft mehr als die Hälfte zur Stromversorgung des Landes bei, und Großdämme liefern rund ein Fünftel der Stromversorgung in der Welt. In 24 Ländern der Welt, zum Beispiel in Brasilien, erzeugt Wasserkraft rund 90 Prozent des gesamten Stroms, in Norwegen gar 99 Prozent. Asmals Kommission untersuchte in detaillierten Einzelfallstudien 125 der mittlerweile 46 000 Großstaudämme und ihre Auswirkungen hinsichtlich Energie, Umwelt, Bevölkerung und Finanzen. Als „Großstaudamm" gelten Dämme mit Höhen von 15 Metern oder mehr bzw. einem Speichervolumen von mehr als drei Millionen Kubikmeter Wasser. Staudämme werden schon seit Jahrtausenden gebaut, um Überschwemmungen zu kontrollieren oder Trinkwasser zu sammeln. Die Hälfte aller Großstaudämme wurde fast ausschließlich zur Bewässerung landwirtschaftlicher Flächen gebaut – die Landwirtschaft verbraucht zwei Drittel allen Wassers, die Industrie 19 Prozent und private Haushalte nur neun Prozent. Staudämme tragen nach Schätzungen der WCD

12–16 Prozent der weltweiten Produktion an Nahrungsmitteln bei.

Nicht immer haben Dämme die angestrebten Ziele erreicht oder den Kostenrahmen eingehalten. Die Kommission, der zwölf Mitglieder angehörten – ihr Generalsekretär war der Deutsche Achim Steiner, ihr Sitz Kapstadt –, befand, so Asmal, dass Großstaudämme, die nur zu Bewässerungszwecken oder zur Wasserversorgung gebaut wurden, ihre Zwecke oft verfehlten, diejenigen, die jedoch zur Stromerzeugung gebaut wurden, sie meist „in hohem Grad" erfüllten. Differenzierter ist der Befund bei Dämmen zum Hochwasserschutz, weil diese bisweilen ihren Zweck verfehlten, und bei Mehrzweck-Dämmen, die oft nur eines der angestrebten Ziele erreichen.

Mit ihrem Bericht habe die Weltkommission, so hofft Kader Asmal, mehr Offenheit und Gewissheit geschaffen für alle am Bau Beteiligten, nicht nur für Regierungen und Betreiber, sondern auch für die ländliche Bevölkerung sowie die Umweltschützer. Dank der ausgewogenen Benennung und der ausgiebigen Beratungen waren die verschiedenen Interessengruppen in der Kommission vertreten; sie war auf gemeinsame Initiative der Weltbank und der Internationalen Union zur Erhaltung der Natur und natürlicher Hilfsquellen IUCN (deren Generalsekretär Achim Steiner, das ehemalige Herz der Damm-Kommission, ist) zustande gekommen. Auch nach der Vorlage seines Berichts wirkt dieser nach, davon ist Asmal überzeugt. Die Debatte – der Bau von Staudämmen zählte zu den umstrittensten Themen im Streben um nachhaltige Entwicklung – habe sich versachlicht und beziehe jetzt stärker Aspekte wie Auswirkungen auf die Umwelt und die Gerechtigkeit bei der Verteilung der Lasten und Nutzen ein. Die Wasserkraft stehe bei der Energiegewinnung heute in stärkerer Konkurrenz mit anderen wirksamen und billigen Energieträgern. Die Industrie zum Bau von Wasserkraftwerken durch Großdämme habe schon vor der Weltkommission und den Protestwellen gegen deren Bauten Schwierigkeiten erfahren, glaubt Asmal. Dämme seien nicht mehr wie einst stolze Symbole des nationalen Fortschritts. Sie müssten aber auch für künftige Planungen eine Option bleiben, um den dringenden Bedarf an Wasser und Strom zu erfüllen.

Die Zeiten, in denen – vor allem auf dem Höhepunkt des Baurauschs in den frühen 70er Jahren – jeden Tag irgendwo in der Welt zwei oder drei neue Großstaudämme fertig gestellt wurden, sind vorbei. Jetzt liegt der Schwerpunkt beim Bau vor allem in großen Entwicklungsländern wie China und Indien. Bei der Finanzierung neuer Großstaudämme beachten internationale Entwicklungsagenturen jetzt den Befund von Untersuchungen des Umweltprogramms der Vereinten Nationen (UNEP) in Nairobi unter Vorsitz des früheren Bundesumweltministers Klaus Töpfer (eines guten Bekannten von Asmal), die die Erkenntnisse der Weltkommission in ihren Dialog mit möglichst allen Beteiligten einbeziehen. Der Völkerrechtler Asmal weist auf eine bemerkenswerte Erkenntnis hin: Staaten und Völker hätten um fast jeden anderen Rohstoff Kriege geführt – Öl, Diamanten, Land, Rinder, Gold –, aber nicht um erneuerbare Ressourcen und vor allem nicht um Wasser und Dämme, auch wenn diese öfters zu Irritationen und Konflikten führten. Der letzte Wasserkrieg liegt 4500 Jahre zurück: zwischen zwei mesopotamischen Stadtstaaten. Wasser habe, sagt er, eine spirituelle Komponente, die anderen Rohstoffen fehle. Fast jede Kultur und Religion umfasse das Element „Wasser", das taufe, reinige, läutere.

Mit solchen Einschüben zeigt Asmal, was ihn unter Politikern nicht nur am Kap herausragen lässt: Er spricht geschliffen, liebt Worte, Sprachwitz, Literatur und historische Zusammenhänge, aber auch internationale Vergleiche und Erkenntnisse. Und Selbstironie: Zum Wasser, so kokettiert er gerne, habe er früher nur Bezug als Zugabe zum irischen Whiskey gehabt. Bald nachdem er aber das Wasserressort in Südafrika übernahm, legte er ein Wassergesetz vor, das auch im Ausland als „umfassend und visionär" gerühmt wurde. Dieses Konzept sieht vor, dass bei knappen Wasserreserven der Bedarf der Menschen und der Umwelt vor jenem der Industrie steht. Der Advokat und Hochschullehrer, der Bürokratie verabscheut, unabhängig denkt, rasch reagiert und entscheidet, hat auch durch seine sichtbare Freude an den schönen Seiten des Lebens die Fähigkeit, Gesprächspartner rasch in seinen Bann zu ziehen.

Als Bildungsminister hatte Kader Asmal in den letzten Jahren einen anderen Zugang zur Elektrifizierung gehabt als in seinen fünf Jahren als Wasserminister: Er weiß, dass Strom ebenso wie sauberes Trinkwasser für Gesundheit und Wohlbefinden der Bewohner der Townships und der ländlichen Gebiete unerlässlich ist, aber auch für die Chancen der jungen Generation auf eine bessere Ausbildung. Nie werde er ein Bild vergessen, erzählt er mit Nachdruck, das einen Schüler vor einer Wellblechhütte zeigt, wie er am Computerbildschirm arbeitet: in früheren Jahren undenkbar. Allein im letzten Jahr wurden 400 000 Haushalte in Südafrika neu an das Stromnetz angeschlossen.

Indes spielt dabei Wasserkraft eine nur geringe Rolle: Weite Teile Südafrikas sind dürre Landstriche, von Wasser abgeschlossen. Die großen Dämme dienen vor allem der Trinkwasserversorgung und der Bewässerung. Das gilt selbst für das größte, 2004 durch eine weitere Dammstufe ausgebaute Dammprojekt des südlichen Afrika im Hochland des von Südafrika umschlossenen Bergkönigreichs Lesotho. Dessen Ziel ist vor allem, die Industrieregion um Johannesburg herum durch Pipelines mit Wasser zu versorgen. Die Erzeugung von Strom durch Wasserkraft spielt für das südliche Afrika – außer in Lesotho, Moçambique, Sambia und Zimbabwe – eine weit geringere Rolle als für andere Regionen, da Südafrika billige Kohle im Übermaß besitzt. In Jahren, in denen weniger auf deren abträgliche Auswirkungen auf die Umwelt geachtet wurde, wurden viele Kohlekraftwerke gebaut, die einen der billigsten Strompreise der Erde ermöglichen. Nur 1,6 Prozent des südafrikanischen Stroms kommen aus Wasserkraft. Seit vielen Jahren gehegte und jüngst wiederbelebte Hoffnungen, das dank der enormen Wasserkraft im unteren Lauf des Kongo und eines groß angelegten Stromverbundes im südlichen und zentralen Afrika auszubauen, bleiben Illusion, solange Zentralafrika eine Region des Konflikts bleibt.

Asmal weiß, dass in Südafrika viele Interessen miteinander im Wettbewerb stehen um knappe Haushaltsmittel, auch solche, die Schulen betreffen: Schüler müssten Zugang haben nicht nur zu Strom und Lehrmitteln, sondern auch gegen Krankheiten geimpft werden, und nur Straßen in die Dörfer ermöglichten Schulbussen den Weg. Er kann aber auf Erfolge verweisen aus seinem Jahrzehnt als Minister nicht nur beim Zugang zu sauberem Trinkwasser, sondern auch bei der stark angewachsenen Elektrifizierung der Schulen.

Dabei war Südafrika im afrikanischen Vergleich schon immer gut mit Strom versorgt. Mit einer Landfläche von knapp vier Prozent Afrikas und einer Bevölkerung von gut fünf Prozent erzeugt Südafrika mehr als die Hälfte des Stroms des Kontinents. Die Verteilung jedoch zwischen Industrie und Bevölkerung und zwischen Weiß und Schwarz war ungerecht. Allein zwischen 1996 und 2001 wurden zwei Millionen Haushalte an das Stromnetz angeschlossen, noch immer aber sind 2,8 Millionen Haushalte ohne Strom. Dabei ist Südafrika, teils mit Hilfe deutscher Unternehmen, beispielhaft bei der Technologie, mit Hilfe im Voraus bezahlter Karten Strom zu erhalten – besonders in jenen Gemeinschaften, in denen geringer Verbrauch und schwankende Zahlungsfähigkeit eine geregelte Strombezahlung erschweren.

Aufgezeichnet von Robert von Lucius

Die Weltkommission für Dämme

Die im Mai 1998 gegründete World Commission on Dams (WCD) war das offizielle Organ eines bis heute einmaligen Gesprächsprozesses zwischen unterschiedlichsten Bezugsgruppen (englisch: Stakeholder). Sie hatte die Aufgabe, die Umsetzungsqualität von – und die Alternativen zu – Staudammprojekten für die Wasserversorgung und die Stromerzeugung zu prüfen. Die aus einem 1997 in Gland in der Schweiz tagenden Workshop hervorgegangene Institution arbeitete über einen Zeitraum von zwei Jahren.

Die Weltbank, die International Union for the Conservation of Nature (IUCN) sowie 800 Nicht-Regierungsorganisationen (NGOs) waren in diesen Prozess eingebunden. Zielsetzung der Arbeiten war, einen Bericht unter Einbeziehung und Anhörung aller betroffenen Seiten zu erstellen. Darüber hinaus sollte der Bericht der Kommission Kriterien für die gute sozial- und umweltverträgliche Umsetzung von Wasserversorgungs- und Energieerzeugungsprojekten entwickeln. Außer Anwohnern, Regierungen, Behörden, Industrieverbänden, NGOs und wissenschaftlichen Einrichtungen waren auch Industrieunternehmen in den Prozess eingebunden und unterstützten diesen finanziell.

Die Kommission erstellte Fallstudien über Dämme in Afrika, Asien, Europa und Amerika. Zudem wurden zahlreiche Länderstudien erarbeitet, regionale Besonderheiten untersucht und insgesamt 1400 Einzelpersonen und -organisationen aus 59 Ländern angehört. Der Bericht erschien im November 2000 mit einem Regelwerk von Kernwerten, strategischen Prioritäten und Richtlinien für eine gute sozial- und umweltverträgliche Ausführung von großen Staudämmen und Wasserkraftwerken.

Kader Asmal, ehemaliger Minister in Nelson Mandelas Regierung in Südafrika, führte die Kommission über zwei Jahre hinweg als Vorsitzender. Mit der Veröffentlichung des Berichtes löste sich die WCD bestimmungsgemäß auf. Trotz der Beendigung gibt es heute immer noch unterschiedliche Auffassungen über die Auslegung des WCD-Reports. Die Fortführung des Stakeholder-Prozesses findet heute in der Nachfolgeorganisation DDP (Dams and Development Project) unter der Schirmherrschaft von Prof. Dr. Klaus Töpfer statt und ist bei der UNEP angesiedelt.

Georg Küffner

KONZENTRATION UND LANGER ATEM

DIE ENTWICKLUNG DER WASSERKRAFTWERKSBRANCHE

Das weltweite Potenzial der Wasserkraft ist noch nicht erschöpft. Doch um Projekte zu realisieren, benötigt man solide Finanzierungen – sowie deren Absicherung.

Aufgrund von zunehmender Marktkonzentration und stetigem Rationalisierungsstreben der Industrie hat sich die Struktur der Anbieter in den zurückliegenden Jahrzehnten verändert: Aus vielen großen, mittleren und kleinen Unternehmen rund um die Wasserkrafttechnik sind seit einem halben Jahrhundert deutlich weniger, dafür aber wirtschaftlich starke Global Player hervorgetreten. Die Marktzutrittsbarrieren für neue Anbieter wirken heute nahezu unüberwindlich, wenngleich es der technische Fortschritt und die in dieser Branche schon früh vollzogene Globalisierung erlauben, auf nahezu jedem Platz der Erde Fertigung aufbauen und betreiben zu können.

Heute sind viele der ursprünglich selbstständigen Anbieter von Turbinen und Generatoren durch Joint Ventures oder Übernahmen zusammengeschmolzen. Sie offerieren schlüsselfertige Neuanlagen, Modernisierungen und Dienstleistungen rund um Kraftwerksbau und -betrieb. Die Herausforderungen sind groß: Sie liegen nicht nur in der Technik und in der Beratung bei der Finanzierung, sondern vor allem in der Bewältigung der komplexen Ausrüstung für ein Gesamtkraftwerk. Alles zusammen stellt sich als ein hochkomplexes Unterfangen dar. Insbesondere bei Bauvorhaben in Entwicklungsländern bemühen sich deutsche Anbieter deshalb oft um staatliche Versicherungen für ihre Lieferungen z. B. bei der Hermes-Kreditbank („Hermes-Bürgschaften“).

TECHNIKWISSEN UND UNTERNEHMERGEIST – EINE GENIALE KOMBINATION

Vom Beginn der Industrialisierung an hat es nur eine Handvoll starker Turbinenhersteller geschafft, ihr Wissen und Können in das 21. Jahrhundert hineinzutragen. Ihre Hauptaktiva: fundierte Markt- und Geschäftskenntnisse, weltweite Kontakte, finanzielle Leistungskraft, *high technology* – und die Erfolgskombination hervorragende Ingenieure und hervorragende Kaufleute.

Davon profitierte auch das Heidenheimer Unternehmen Voith. So wie das Jahr 1867 als offizielles Gründungsjahr von Voith gilt, strebten in der zweiten Hälfte des 19. Jahrhunderts vor allem in Deutschland und in der Schweiz eine Fülle kleiner und mittlerer Turbinen- und Generatorenproduzenten auf den Markt. Die meisten Betriebe siedelten wie Voith im Süden Deutschlands, an der deutsch-schweizerischen Grenze (Escher Wyss, gegründet 1805) sowie rund um den Genfer See (Vevey, Bouvier, Charmilles). Die rasch voranschreitende Industrialisierung dürstete förmlich nach neuen Quellen der so dringend benötigten elektrischen Energie. Das zwang zum Bau von Turbinen und Generatoren mit größerer Leistung. Besonders in wasserreichen und topografisch günstig gelegenen Gebirgsregionen wie der Schweiz oder Norwegen und in Gebieten wie Österreich oder Süddeutschland, wo Kohle nicht gerade vor der Haustür gefördert werden konnte, entwickelte sich schnell eine sprunghaft wachsende Turbinenbau-Industrie.

DER ERSTE GLOBAL PLAYER TRITT AUF DEN PLAN

Die meisten Unternehmen blieben allerdings freiwillig ihren Heimatmärkten verhaftet. Sie beschränkten sich auf die Bedarfsdeckung des Heimatmarktes, zumal auch der Transport der Gerätschaften einige Schwierigkeiten aufwarf. Neben dem schweizerischen Unternehmen Sulzer stellt auch Voith in dieser Hinsicht eine bemerkenswerte Ausnahme dar: Nur der Erste Weltkrieg unterbrach die Lieferungen nach Japan – mit denen schon Ende des 19. Jahrhunderts begonnen worden war – und nach Nordamerika.

Denn auch Friedrich Voith beschränkte sich zwar anfangs auf den Export und die Vergabe von Lizenzen, erwog aber schon 30 Jahre nach dem Bau der ersten Turbine die Errichtung von Produktionsstätten in Österreich und in den USA. Damit gelang es ihm, die nationalen Zollschranken zu überwinden. 1903 gründete er, mutig genug angesichts der an Marktchancen reichen Länder Osteuropas und Russlands, ein Tochterwerk im österreichischen St. Pölten. In Verbindung mit der schon zum Ende des 19. Jahrhunderts eingeleiteten Geschäftsbeziehung zu Japan, der 1903 ersten Turbinenlieferung nach China sowie der im selben Jahr einsetzenden und bis 1912 andauernden Turbinenlieferung von Voith an das kanadisch-amerikanische Betreiberkonsortium des Niagara-Kraftwerkes kann Voith durchaus und mit Fug und Recht als einer der ersten „Player“ der Globalisierung betrachtet werden.

Für die Internationalisierung bei Voith war das Niagara-Projekt von entscheidender Bedeutung. Voith dankte es den guten Kontakten, die der Firmenchef 1893 anlässlich seiner Reise zur Weltausstellung nach Chicago und später sein Sohn Walther bei seinem 13-monatigen Amerikaaufenthalt geknüpft hatten. Mit Gründung der J. M. Voith Company Inc. in New York setzte das schwäbische Familienunternehmen 1912 den ersten Fuß in die Neue Welt. Bis zum Ausbruch des Ersten Weltkrieges lieferte Voith in die USA, nach Spanien und nach Peru. Doch das Kraftwerk an den weltberühmten Wasserfällen von Niagara Falls wurde zum Vorzeigeobjekt par excellence und macht Voith schon in den ersten Jahren des noch jungen Jahrhunderts international bekannt.

Im Zuge des Konzentrationsprozesses unter den Herstellern von Wasserturbinen sind renommierte Firmennamen verschwunden. Dazu zählt auch Escher Wyss.

Um das Jahr 1920 herum lieferten amerikanische Wasserkraftwerke ein Viertel der im Land benötigten Energie. Neben einheimischen Herstellern wie Stephen Morgan Smith und Valley Iron Works (ab 1927 bzw. 1929 Lizenznehmer von Voith), Pelton-Water-Wheel und I. P. Morris kamen bei den großvolumigen Investitionsvorhaben in Amerika nun Unternehmen aus Europa zum Zuge, meist freilich nur in der Rolle des Unterlieferanten. Weil der protektionistische „Buy-American-Act" sowohl für den Hauptauftragsnehmer (main contractor) als auch für die Unterlieferanten (sub contractors) galt, fertigten amerikanische Konsortien wie Baldwin-Lima-Hamilton für Projekte in den USA nach Zeichnungen von Voith North America – zum Beispiel für das Tehachapee-Projekt.

In der Zwischenkriegszeit setzte nicht nur ein reger Handel mit Lizenzen ein – die ersten Produktionsrechte nach Japan verkaufte Voith 1938 an die Fuji Electric Company in Japan und in die USA –, es festigten sich auch die um das Fin de Siècle herum eingeleiteten Kooperationen zwischen den Herstellern von Turbinen und den Lieferanten von elektrischen Generatoren. Auf diesem Gebiet arbeitete Voith schon seit 1898 mit Siemens zusammen. Die guten Beziehungen von Voith zu Sie-

Der Name Voith steht auf der ganzen Welt für Kompetenz im Turbinenbau. Das galt bereits vor Jahren, als dieses Typenschild montiert wurde.

mens bildeten sich früh heraus und wurden in gemeinsamen Projekten gefestigt, sie waren allerdings nie von verbindlicher formaler oder vertraglicher Natur. Peter von Siemens hatte einen Sitz im Gesellschafterausschuss von Voith und war auch persönlich befreundet mit Hanns Voith, den er sehr für seine unternehmerischen Leistungen bewunderte.

NACH KRIEGSENDE: DER WELTMARKT SORTIERT SICH NEU

„In den 50er Jahren sortierte sich der Weltmarkt neu", umreißt der 81-jährige Hans Philipsen die Entwicklung der Nachkriegszeit. Der Kalte Krieg ließ einige Märkte wie zum Beispiel den kompletten Ostblock wegbrechen. Wessen Atem nicht lang genug gewesen war, um die Kriegsjahre und die damit verbundenen Einbrüche am Weltmarkt aus eigener Kraft zu überstehen, der fand sich in der Ära des Wiederaufbaus wieder unter dem Dach eines stärkeren Branchenkollegen oder eines Elektrokonzerns, welcher seine Generatorensparte arrondierte. In vielen Ländern blieben nur mehr ein oder zwei selbstständige Turbinenbauer für den Großkraftwerksbau übrig, darunter in Deutschland die J. M. Voith GmbH in Heidenheim.

Dort war Hans Philipsen im Jahr 1955 eingetreten. Als Zeitzeuge durchlebte er die Blütenjahre eines der damals ersten Global Player der Branche. Der Ingenieur leitete zunächst die Turbinenprojektierung, stieg später zum Chef der Turbinensparte auf und war von 1983 bis 1986 Sprecher der Voith-Geschäftsführung. Was er über die firmenstrategischen Überlegungen in den 50er Jahren berichtet, gilt für die meisten der verbliebenen Turbinenhersteller. „Voith hatte schon vor dem Krieg klar erkannt, dass das Unternehmen auf bestimmten Märkten nicht kapitalstark genug war, um eigene Produktionsstätten zu errichten." Im Gegenzug wurde anderen Firmen vor allem aus der Energie- und Elektrobranche nun klar, dass die optimale Nutzbarmachung der Wasserkraft jahrelang ausgebildetes Wissen und spezielle Fertigkeiten erforderte – ein Know-how, das für die meisten kaum mehr aus eigener Kraft aufzubauen war.

Das Gebot der Stunde hieß: Kooperation. Mit Hilfe dieses strategischen Instrumentes wandten sich in der Folge auch branchenfremde Unternehmen dem Kraftwerksbau zu. Freilich beherrschten in den beiden ersten Jahrzehnten nach dem Zweiten Weltkrieg noch immer die Firmen aus Europa und den USA den Weltmarkt. An der Spitze des alten Kontinents lagen die konkurrierenden Escher Wyss in der Schweiz, Neyrpic in Frankreich, in Deutschland Voith mit seinen ausländischen Vertriebsgesellschaften und weltweiten Firmenbeteiligungen sowie das italienische Familienunternehmen Riva und die italienischen Staatsbetriebe Ansaldo und Franco Tosi. Letztere wandten sich später vermehrt dem Elektrogeschäft zu: Wenn es jedoch um Großaufträge in Europa, Kanada, Süd- und Mittelamerika und Asien ging, kooperierte Franco Tosi fast immer mit der Turbinenindustrie.

Als Brasilien Ende der 50er Jahre Interesse an der energetischen Nutzung der Rio-Paraná-Wasserfälle signalisierte, hatte Voith schon ein engmaschiges Kontaktnetz nach Südamerika geknüpft. Es wurde durch die Kooperation mit dem brasilianischen Unternehmen Bardella weiter verstärkt, 1964 gründet Voith ein Tochterunternehmen in São Paulo. Nur so, darin stimmt die Branche überein, konnten die Märkte auf Dauer gewonnen und die Lieferungen aus dem Stammland gesichert werden.

Weil in den Vereinigten Staaten der „Buy-American-Act" das Geschäft ausländischer Turbinenbauer einschränkte, suchten die europäischen Unternehmen den Schulterschluss mit ihren amerikanischen Kollegen. „Wir wollten unbedingt in den US-Markt, durften aber keine großen Schritte machen", erinnert sich Hans Philipsen an die frühen 60er Jahre. Er war als „Resident Engineer" von Voith nach San

Francisco entsandt worden, um das Kontaktnetz in den Staaten dichter zu knüpfen. Mit dem Generatoren- und Turbinenbauer General Electric sowie Baldwin-Lima-Hamilton führten zwei starke US-Konzerne die heimische Industrie an. Mit einem dritten namens Allis Chalmers kooperierte das Schweizer Unternehmen Sulzer. Den Heidenheimern gelang der Einstieg mit Bravour: Mit der amerikanischen Bechtel Corporation als Hauptauftragnehmer bekam Voith 1963 den Zuschlag für das mächtige American-Rivers-Projekt. Und unter dem Konsortialdach von Baldwin errang Voith Mitte der 60er Jahre einen branchenweit Aufsehen erregenden Großauftrag, bei dem es um die Erneuerung der Wasserversorgung der Stadt Los Angeles ging.

ASIEN ERWACHT

Da Japan großes Interesse an der Wasserkraft zeigte, leiteten die einheimischen Mischkonzerne Toshiba und Hitachi – Unternehmen, deren ursprüngliche Welt die der Generatoren war – in dieser Zeit eine intensive Forschung und Entwicklung im Turbinenbau ein. Das Engagement sollte sich auszahlen. Obgleich die japanischen Firmen wohl wegen ihres enorm breiten Angebotsspektrums zu keiner Zeit außergewöhnliche Konstanz im Kraftwerksbau an den Tag legten, wurden sie zeitweilig doch zu sehr ernst zu nehmenden Konkurrenten für die etablierten Turbinen- und Generatorenbauer aus dem Westen. In den 70er und 80er Jahren stieg der Marktanteil der Japaner auf bis zu drei Prozent. Die Konzerne Nippons beschränkten sich zwar weitgehend auf Asien und den pazifischen Raum, doch genau hier war in den „Roaring Sixties" die Nachfrage nach Wasserkraftwerken erwacht. Um diesen Zukunftsmarkt nicht allein ausländischen Anbietern zu überlassen, widmete sich mit Beginn der 70er Jahre ebenso der 1964 gegründete indische Energie- und Elektrokonzern Bharat Heavy Electrical Limited (BHEL) mehr und mehr dem Kraftwerksbau. Auch hier blieb es jedoch bei einzelnen Projekten in Nepal, Malaysia, Thailand, Neuseeland, Aserbaidschan und Bhutan.

Geschäftsstrategisch gesehen und mit Ausnahme von Japan und Indien blieb der asiatische Kontinent bis in die späten 60er Jahre hinein jedoch auch weiterhin ein reichlich weißer Fleck auf der Weltkugel, auch wenn der deutsche Anbieter Voith in dieser Zeit einzelne Turbinen nach Afghanistan und nach China lieferte. Mit Repräsentanzen vertreten waren die Europäer und Amerikaner bereits in Indien, man sondierte auch in Indonesien, doch es dauerte noch bis in die späten 70er Jahre hinein, bis man mit den Chinesen ins Gespräch kam. Erst mit der stärkeren Öffnung

Chinas gegenüber der westlichen Welt in den darauf folgenden Dekaden gelang es den Unternehmen, an den laufenden und geplanten Großprojekten wie beispielsweise dem Drei-Schluchten-Projekt am Jangtse zu partizipieren.

Inzwischen hat es den Anschein, als ob sich die Gewichte verlagern: In der jüngeren Vergangenheit nehmen manche unternehmensstrategischen Entwicklungen in China ihren Anfang und schlagen Wellen bis nach Europa. 1994 rief Voith zusammen mit Siemens und der Shanghai Electrical Machinery Manufacturing Works ein Gemeinschaftsunternehmen in China ins Leben, die SHEC (Shanghai Hydro Power Equipment Company Ltd.). 1998 wurde die Hydrosparte des langjährigen Voith-Lizenzpartners Fuji Electric in ein Gemeinschaftsunternehmen eingebracht, dessen Führung dem Heidenheimer Konzern oblag. Im Jahr 2000 schließlich legten Voith und Siemens die wasserkraftrelevanten Teile ihres Geschäftes zusammen und gründeten ein Joint Venture, an welchem Voith die Mehrheit hält. Mit Voith Siemens Hydro Power Generation entstand ein führender Anbieter im Weltmarkt, der komplette Systeme und Lösungen für den Bau von Wasserkraftwerken auf den Markt bringen konnte. Am chinesischen Joint Venture übernahm Voith Siemens Hydro Power Generation damit ebenfalls die Mehrheit.

Doch auch aus dem chinesischen Riesenreich selbst sind neue Anbieter hervorgetreten. Die staatliche, 1984 gegründete Dongfang Electric Corporation ist fast ausnahmslos auf dem Binnenmarkt tätig und erreicht hier aber einen Anteil von rund 40 Prozent. Entsprechend hat sich der Weltmarktanteil von Dongfang bis heute auf knapp ein Zehntel und damit an die Spitze der asiatischen Hersteller hochgeschraubt. An zweiter Stelle liegt das koreanische Unternehmen Hyundai Engineering Co. Ltd. (HEC), das seit 1974 mit Kraftwerksprojekten in Südostasien, Indien, Pakistan sowie im Mittleren Osten aktiv ist.

DIE KONZENTRATIONSWELLE ROLLT …

Etwa ab dem Ende der 60er Jahre und später dann noch einmal um die Jahrtausendwende erlebte die Branche zwei weitere, machtvolle und grenzüberschreitende Konzentrationswellen. Was mit Lizenzverträgen und projektbezogenen Kooperationen seinen Anfang genommen hatte, mündete nun in Verhandlungen über Firmenzusammenschlüsse und Übernahmen.

Bereits 1959 hatte der US-Hersteller Allis Chalmers den Konkurrenten S. Morgan Smith übernommen. Doch der Konzern schwächelte und verlor seine Marktbasis. Mitte der 80er Jahre nutzte Voith seine Chance und kaufte die Wasserkraftsparte aus dem Verbund heraus. Mit einer eigenen Hydro-Power-Gesellschaft in den Vereinigten Staaten – der zweiten US-Tochter nach 1912 – verschaffte sich das Heidenheimer Unternehmen gegen Ende des 20. Jahrhunderts in den USA ein stabiles Standbein für die Nutzung und Vermarktung der Wasserkraft.

Auch in Europa rückte die Branche zusehends enger zusammen. 1974 vereinbarten die drei italienischen Unternehmen Ansaldo, Riva und Tosi unter dem Namen HydroART zunächst eine strategische Allianz, 1989/90 schlossen sie sich unter Führung von Riva zusammen. Zwei Jahre später erwarb Voith die Firma Riva. Schon 20 Jahre zuvor hatte die schweizerische Sulzer AG den Konkurrenten Escher Wyss gekauft. Sie firmierte ab 1995 unter Sulzer Hydro und wurde vier Jahre später von dem österreichischen Industriekonzern VA Technologie AG, kurz VA Tech, übernommen.

In diesem 1994 aus der privatisierten Voest Alpine und dem Mischkonzern Austrian Industry hervorgegangenen Unternehmen waren zuletzt zahlreiche traditionelle Turbinenbauer und Elektrounternehmen gebündelt – unter anderem die frühen Gründer vom Genfer See Vevey, Charmilles und Bouvier, aber auch Elin aus Österreich, STEM aus Italien sowie der Generatorenhersteller Baldwin und Teile von General Electric aus den USA. Mit rund 17 000 Mitarbeitern weltweit galt die staatlich kontrollierte VA Tech über viele Jahre hinweg als größter Industriekonzern des Alpenstaates. Ausgelöst vom Verkauf eines namhaften Aktienpaketes aus dem Besitz eines privaten Anteilseigners an die Siemens AG, wurde im Februar 2005 die nahezu vollständige Übertragung der Gesellschaftsanteile an den deutschen Konzern vollzogen und im darauffolgenden Juli von der EU-Kommission genehmigt. Als Preis dafür forderten die europäischen Wettbewerbshüter von der Siemens AG den Verkauf der Wasserkraftsparte VA Tech-Hydro. Dieser soll zu Beginn des Jahres 2006 erfolgen.

… UND ROLLT …

Alstom selbst liefert ein gutes Beispiel für die verschlungenen Wege, auf denen Turbinen und Generatoren verschiedener Provenienzen im Laufe von Jahrzehnten unter einem Dach zusammengefunden haben. Seine Genealogie lässt sich so darstellen: Der Konzern entstand 1967 aus dem Zusammenschluss der französischen Unternehmen Alstom und Neyrpic, beides Firmen mit einer recht bewegten Historie, firmiert nach mehreren anderen Fusionen und Übernahmen aber erst seit 1998 unter Alstom. Im Jahr darauf übernahm der Konzern die Kraftwerksaktivitäten der schwedisch-schweizerischen ABB. Dieses Unternehmen war selbst erst wenige Jahre zuvor (1988) aus dem Zusammenschluss von ASEA und Brown Boveri & Cie. (BBC) entstanden. Zum damaligen Zeitpunkt hätte das Allmänna Svenska Elektriska Aktiebolag ASEA, wäre es selbstständig geblieben, ebenso wie Neyrpic, BBC und zahlreiche andere Wurzeln von Alstom auf eine über hundertjährige Geschichte zurückblicken können.

Ähnlich abenteuerlich liest sich die Geschichte von GE Hydro, größenmäßig ein beständiger Mittelfeldspieler im Wasserkraftwerksbau. Auch dieses Unternehmen hat nordeuropäische Vorfahren, nämlich die norwegische Nohab und die schwedische Karlstad Mekaniska Verkstaden (KMV) samt deren britischer Tochter Boving. Bis zum Zweiten Weltkrieg vergrößerte der damalige schwedische Marktführer KMV sein Terrain kontinuierlich durch Übernahmen aller bedeutenden schwedischen und norwegischen Wettbewerber. Dagegen begannen sich die in Oslo gegründeten, später nach London umgesiedelten Kvaerner-Werke erst in den 70er Jahren des 20. Jahrhunderts ernsthaft für den Turbinenbau für Wasserkraftwerke zu interessieren. Kvaerner erwarb Nohab und KMV und wurde später von General Electric (GE) Canada übernommen. Hieran wird erneut deutlich, wie der Turbinenbau immer enger mit dem Generatorenbau zusammenwuchs. Heute bilden die früher eigenständigen Unternehmen Kvaerner, Boving ebenso wie die KMV Turbine AB und die Nohab Turbine AB zusammen mit der Turbinensparte von General Electric Canada den Geschäftsbereich GE Hydro.

... WIE DAS WASSER SELBST IMMER WIEDER NEUE KRÄFTE FREISETZT

Nur wer sich bewegt, kommt voran. Doch so gewaltige Konzentrationswellen, wie sie dieser spannende Markt erlebt und überstanden hat, wird es aufgrund kartellrechtlicher Beschränkungen in der Zukunft in diesem Umfang nicht mehr geben. Die Kontraktion des Marktes setzt sich auf andere Weise fort. Denn das weltweite Potenzial der Wasserkraft ist noch längst nicht erschöpft, und der Bau neuer Großkraftwerke fordert hohes technisches Leistungsvermögen und starke Finanzkraft von allen daran beteiligten Unternehmen. Mehr noch: In der nächsten Phase wird es unzweifelhaft um mehr gehen als um die Lieferung von Turbinen und Generatoren – nämlich um den kompletten Betrieb ganzer Wasserkraftwerke. Dafür sind nicht viele Firmen gerüstet. Doch die, die bis heute aktiv den Markt vorangetrieben haben und sich mit ihm weiterentwickelt haben, werden mehr als gute Chancen haben, auch morgen im Geschäft mit der Wasserkraft zu bestehen.

Christine Demmer

WASSERKRAFT ZWISCHEN „POLICY“ UND „POLITICS“

IM GESPRÄCH MIT RICHARD M. TAYLOR,
EXECUTIVE DIRECTOR DER INTERNATIONAL HYDROPOWER ASSOCIATION (IHA)

Als Angelsachse kennt Richard Taylor natürlich den Unterschied zwischen „politics“ und „policy“. Doch als höflicher Mensch und als jemand, der seine Botschaft zweifelsfrei verstanden wissen will, weist er im Gespräch mit Deutschen lieber einmal mehr auf die in seiner Muttersprache doppelte Bedeutung des Wortes „Politik“ hin. Unter der Hand und mit Fingerspitzengefühl bringt der Brite so die zweifache Dimension seiner Arbeit für die International Hydropower Association (IHA) zum Ausdruck: Mindestens genauso wichtig wie das tagespolitische Handeln als Executive Director der IHA ist ihm die strategische und taktische Einflussnahme auf Entscheidungen der nationalen und supranationalen Politik zugunsten einer intensiven Nutzung und des Ausbaues der Ressource Wasser. „Der optimierte Einsatz von Trinkwasser ist eine der fundamentalen Herausforderungen in Gegenwart und Zukunft“, sagt Taylor. Ohne den mindesten Anflug von Pathetik setzt er hinzu: „Wahrscheinlich ist es die wichtigste von allen.“

Mit der natürlichen und erneuerbaren Ressource Wasser beschäftigt sich Richard Taylor seit 1986. In seinem Studium konzentrierte sich der Umweltexperte auf Wasserressourcen und auf Wasserqualität. Heute geht es ihm, der auch in zahlreichen internationalen Gremien und Organisationen mitarbeitet und dessen Stimme weithin gehört wird, vornehmlich um die Wasserkraft und um das, was er von seiner Meta-Ebene aus „das Management des Wassers“ nennt. Hier, so Taylor, gäbe es noch ordentlich zu tun. Das Potenzial der Wasserkraft zum Beispiel sei weltweit erst zu einem Drittel ausgeschöpft. In Europa, Nordamerika und Australien sei man am weitesten; der Fokus hier läge künftig auf Ertüchtigung, Modernisierung und Optimierung bestehender Anlagen. In Südamerika, Afrika und Asien liege noch ein gewaltiges Wasserkraftpotenzial brach, und wohl überlegte „policies“ zielten darauf ab, dieses in Angriff zu nehmen. Deshalb ist Taylor fest davon überzeugt, dass Wasserkraft auch weiterhin eine wichtige Rolle für die Menschheit spielen werde.

Und doch, so befürchtet der IHA-Manager, werde diese „policy“ in jüngster Zeit von widerstrebenden Kräften der „politics“ bedroht. Während der letzten zehn Jahre sei die wichtige Rolle der Wasserkraft für die Energieversorgung – durch politische Akteure – Schritt für Schritt in Frage gestellt worden. Unumstritten gelte das Wasser zwar als wertvolle Ressource für die Energiegewinnung, doch der Weg dorthin, klagen manche, fordere einen zu großen Tribut, von den Menschen, von den Tieren, vom gesamten Ökosystem.

Dass Fortschritt und bessere Lebensbedingungen immer einen Preis haben, weiß Richard

Richard
Taylor

„Das Potenzial der Wasserkraft ist weltweit erst zu einem Drittel ausgeschöpft.“

Taylor natürlich auch. Doch der Wasserexperte will, dass auch die Alternativen zur Wasserkraft genauso nüchtern und realistisch betrachtet werden. Er ist Manager, kein Romantiker. Auf dem Weltmarkt für energieerzeugende Technologien wird mit harten Bandagen gekämpft, und nicht immer zählen die besseren Argumente in Sachen Nachhaltigkeit.

Noch auf dem UN-Entwicklungsgipfel in Johannesburg 2002 und auf dem World Water Forum in Kyoto 2003 hatten die Delegierten mit Nachdruck die Weiterentwicklung der Wasserkraft verlangt, ebenso wie die anderer erneuerbarer Energiequellen. Im Vordergrund stand das unangefochtene Ziel, zwei Milliarden Menschen endlich den Zugang zu elektrischer Energie und damit zu Wachstum und einer besseren Versorgung zu eröffnen. ‚Wie‘ das geschehen sollte, würde durch Gesetze, die vorhandenen Ressourcen sowie den Kräften des Wettbewerbs zwischen den konkurrierenden Technologien entschieden. Hinter dieser auf die Freiheit von Vernunft und Marktkräfte setzenden „policy“ hatten die „politics“ zurückstehen sollen.

Dass sie es wirklich taten, bezweifelt Richard Taylor mehr und mehr. Als wichtiges Indiz hierfür betrachtet er den Abschlussbericht der World Commission on Dams (WCD), der Ende 2000 vorgelegt wurde und sich im Kern gegen die Planung und Errichtung großer Wasserkraftwerke ausspricht. Taylor stellt unter anderem fest, dass sich das Ziel des Gremiums im Laufe der Arbeit entscheidend verändert habe: „Ursprünglich wurde die WCD beauftragt, den Beitrag der Dämme zu prüfen und alternative Optionen zu bewerten, um so schließlich zu Emp-

„Der optimierte Einsatz von Trinkwasser ist eine der fundamentalen Herausforderungen in Gegenwart und Zukunft.“

fehlungen für die Praxis zu gelangen. Später jedoch entschieden die Hauptverantwortlichen, diesen Auftrag auszuweiten und zu versuchen, neue Regeln für Kontrollherrschaft und Entwicklung vorzuschlagen.“

Er ist der Meinung, dass es bei den der Kommissionsarbeit zu Grunde gelegenen Fallstudien von Anfang an darum gegangen sei, so viele negative Argumente gegen Dämme zusammenzutragen wie nur möglich. Und die zu Beginn vereinbarte gemeinsame Beratung zur Synthese aller zusammengetragenen Informationen des Abschlussreportes sei diskret von der Agenda gestrichen worden. Bei den Empfehlungen der Kommission könne man so kaum von einer gesunden Entwicklung ausgehen.

Richard Taylors Kritik am WCD-Report beschränkt sich jedoch nicht nur auf den Prozess. Manche der ausgesprochenen Empfehlungen seien Knock-out-Faktoren für Wasserkraftprojekte. So zum Beispiel der Vorschlag, alle fünf bis zehn Jahre eine Evaluation der Arbeitsprozesse vorzunehmen. „Selbstverständlich sind periodische Überprüfungen unter ökonomischen und ökologischen Gesichtspunkten sinnvoll. Evaluationen in dem von der WCD vorgeschlagenen Ausmaß und Zeitrahmen könnten jedoch in eine endlose Abfolge von Revisionen münden. Wer will unter diesen Umständen noch investieren? Die Finanzplanung jeder Anlage, ganz besonders natürlich die der sehr langfristig nutzbaren Wasserkraftwerke, würde unmöglich werden.“ Auf diese Weise würden Nachhaltigkeitsvorteile in Wettbewerbsnachteile umdefiniert.

Neben diesem hat der IHA-Executive noch eine ganze Reihe weiterer Beispiele parat, mit denen er gegen die 33 „Policy Principles“ und die 26 Richtlinien des WCD-Reports argumentiert. Schützenhilfe erfährt er dabei von zahlreichen Regierungen, deren Länder bereits ihr Wachstum aus der Wasserkraft speisen oder die dringend einer Infrastruktur für Wasser-Management bedürfen. „Der Tenor der Praktiker lautet: Im Ganzen zu radikal und mit unrealistischen Empfehlungen.“

Die Gegner von Staudämmen und Wasserkraftwerken sagen natürlich genau das Gegenteil: Für sie war der WCD-Prozess und der Abschlussbericht ein bemerkenswerter Erfolg. Die Umweltschützer des International River Network (IRN), entschiedene Gegner des Ausbaus der Wasserkraft, konstatierten unverhohlene Befriedigung und sagten voraus, dass die Kriterien der WCD kaum jemals erfüllt und folglich niemals ein neuer Damm gebaut werden könne.

Vormals vereint in der „policy“, scheinen die „politics“ nun doch Keile in die globale Entwicklungsgemeinschaft getrieben zu haben. Das geht sogar der Weltbank zu weit. Der Co-Sponsor der WCD bemängelt die Empfehlungen der Kommission als „unpraktikabel“. Zur Lockerung der Fronten beigetragen habe jedoch ganz sicher die Kompromissbereitschaft des früheren WCD-Vorsitzenden Professor Kader Asmal. Die Richtlinien im WCD-Abschlussbericht, so

„Wir haben eine klare Vision, wie nachhaltige Wasserkraft vorangetrieben werden kann."

zitiert ihn Richard Taylor mit unbewegter Miene, seien nur als „Guidelines" (Anleitungen) mit einem kleinen „g" zu verstehen; sie waren nicht als Kopiervorlage gedacht. Taylor begrüßt den Vorschlag von Asmal vollauf, da er das Gefühl hat, dass – für den Fall, dass sie in ihrer ganzen Breite durchgeführt werden – die Richtlinien der Kommission die endgültige Entscheidungsfindung von gewählten Regierungen auf „Multi-Stakeholder"-Foren und internationale „Champions" verlagern würden.

Was die IHA vor allen anderen Dingen erreichen will: eine Balance zwischen den Interessen der Umwelt, der Bevölkerung und der Wirtschaft zu finden. Im Grundsatz stimmt Taylor mit den Grundwerten und den strategischen Prioritäten, auf die sich der WCD-Report bezieht, überein; sie stünden im Einklang mit der gemeinsamen „policy" und seien es wert, vertiefend diskutiert zu werden. Die weitere Diskussion ist teilweise durch das United Nations Environment Program (UNEP) adoptiert worden, und zwar durch das Dams & Development Project (DDP). Taylor ist als Mitglied an diesem Projekt aktiv beteiligt und weist auch darauf hin, dass dieselben Grundwerte und strategischen Prioritäten in den eigenen Nachhaltigkeits-Richtlinien der IHA verankert sind. Er betrachtet dies als ein konstruktives Bindeglied zum WCD-Nachfolgeprozess.

Der in jüngster Zeit auf und hinter den öffentlichen Bühnen ausgetragene Wettstreit zwischen „policy" und „politics" hat im Juni 2004 in Bonn zu unübersehbarer Besorgnis des Publikums geführt. Trotz des anfänglichen Anti-Hydro-Tenors der ursprünglichen Konferenz-Dokumentation hatten sich Vertreter aus 154 Ländern auf der Konferenz „Renewables 2004" zusammengefunden. In der Abschlusserklärung wurde die Wasserkraft einstimmig als eine der erneuerbaren Energietechnologien gewürdigt, deren Ausbau „with a sense of urgency" gefördert werden sollte. Im Oktober desselben Jahres forderte die Beijing Declaration als Abschluss des internationalen UN-Symposiums für Nachhaltigkeits-Entwicklung (zum Missfallen einiger politischer Akteure) die bilateralen Organisationen auf, mehr Darlehen und Bürgschaften für die Entwicklung bezahlbarer Wasserkraft zur Verfügung zu stellen.

„Wir wollen zu einer Gewinnsituation gelangen", sagt der IHA-Direktor. „Wir haben eine klare Vision, wie nachhaltige Wasserkraft vorangetrieben werden kann." Die Länder, die dringend auf gesicherte Wasserversorgung, zuverlässige Energieversorgung und einen besseren Lebensstandard für ihre Menschen warten, würden gern mitgewinnen.

Aufgezeichnet von Christine Demmer

HIGHLIGHTS DER WASSERKRAFT

DER DREI-SCHLUCHTEN-DAMM

Chongquing ist mit seinen über 30 Millionen Einwohnern nicht nur die größte Stadt Chinas, sondern das größte Industrie- und Handelszentrum der Welt überhaupt. Und die Stadt am Jangtse wächst ununterbrochen weiter. Jeden Monat kommen neue Hochhäuser hinzu. Schon heute kann sich die nächtliche Silhouette Chongquings mit der westeuropäischer Metropolen messen. Dabei wird die Bedeutung dieser Millionenstadt mit dem Ausbau der Straßen- und Schienenverbindungen weiter zunehmen. Doch den entscheidenden Impuls erfährt diese Drehscheibe zwischen den rasch wachsenden Bevölkerungszentren im östlichen China und dem ressourcenreichen Westen des Landes durch den 630 Kilometer flussabwärts gelegenen Drei-Schluchten-Damm. Denn nach der Fertigstellung dieser 2,3 Kilometer langen und 186 Meter hohen Staumauer, zwei fünfstufigen Schleusentreppen und eines Schiffshebewerks werden 10 000-Tonnen-Schiffe auf diesem für die Entwicklung des chinesischen Hinterlands so wichtigen Flussabschnitt verkehren können. Mit hochseetauglichen Schiffen wird ein einfacher Warentransport zwischen der Mitte Chinas und der restlichen Welt möglich.

Nach der offiziellen Lesart steht die Verbesserung der Flussschifffahrt auf Platz zwei der Gründe, die für den Bau dieses Mammutdamms angeführt werden. Auf Rang eins steht nicht etwa die Stromerzeugung, sondern der künftig deutlich bessere Hochwasserschutz am längsten und wasserreichsten Fluss Chinas. Nach seiner Fertigstellung sollen katastrophale Überschwemmungen wie etwa die nach der Jahrhundertflut im Jahr 1870, als mehr als 400 000 Menschen ums Leben kamen, künftig zuverlässig zu vermeiden sein. Dass der Fluss auch in den zurückliegenden Jahren keineswegs seine Gefährlichkeit verloren hat, zeigt die letzte große Katastrophe 1954, als 30 000 Menschen ertranken und fast 19 Millionen Menschen obdachlos wurden. 1996 kamen 1500 Personen ums Leben, und die unterhalb des Damms gelegene Industriestadt Wuhan konnte nur durch den umgehenden und tatkräftigen Einsatz von Zehntausenden von Helfern vor den Fluten geschützt werden.

Vor allem durch eine an die Jahreszeiten angepasste Wasserregulierung will man Überschwemmungen unterhalb des Damms künftig verhindern. In den Monaten vor der Monsunzeit wird der Wasserspiegel des an seiner weitesten Stelle lediglich 1,1 Kilometer breiten Sees abgesenkt, so dass für die aus dem Oberlauf des Jangtse ankommenden Wassermassen ausreichend Kapazität zur Verfügung steht. Doch nicht nur eine „optimale“ Flutkontrolle hofft man durch dieses gezielte Wassermanagement zu erreichen. Auch störende, weil langfristig das Rückhaltevolumen deutlich mindernde und die Stromerzeugung behindernde Sedimentablagerungen im Stausee sowie vor den Turbineneinlässen könnten reduziert werden, da man bei niedriger Wasserhöhe und damit schneller Fließgeschwindigkeit die während der

Noch wird am Drei-Schluchten-Damm gearbeitet. Nach der für das Jahr 2009 vorgesehenen endgültigen Fertigstellung wird die Anlage mit 18 200 Megawatt etwa die Leistung von 15 Kernkraftwerken vorweisen können.

Regenzeit mitgeführten hohen Frachten von Sand und Geröll durch die dafür vorgesehenen Öffnungen im Damm wird schwemmen können. Erst nach dem Ende der Regenzeit wird dann der See mit vergleichsweise „sauberem" Wasser auf seine Arbeitshöhe von 175 Metern angestaut. In dieser Zeit liegt der Sedimentanteil des Wassers nur bei 16 Prozent der übers Jahr mitgeführten Mengen.

Und nun zum dritten Argument, das für den Bau des Drei-Schluchten-Damms spricht: der Stromerzeugung. Nach der für das Jahr 2009 vorgesehenen endgültigen Fertigstellung wird die Anlage mit 18 200 Megawatt etwa die Leistung von 15 ausgewachsenen Kernkraftwerken vorweisen können. Dabei werden in zwei Teilschrit-

ten erst 14 und wenig später zwölf weitere Turbinen mit Leistungen von jeweils 700 Megawatt installiert. Zu einem momentan noch nicht genau bestimmten Zeitpunkt sollen dann noch einmal sechs Turbinen und damit 4200 Megawatt hinzukommen.

Doch was sich so gigantisch anhört, relativiert sich durch den rapide zunehmenden Energiehunger Chinas. Jedes Jahr müssen Kraftwerke mit einer Leistung von zusammen rund 17 000 Megawatt neu ans Netz gehen, um dem Mehrbedarf gerecht zu werden. Damit deckt das Leistungspotenzial des Drei-Schluchten-Damms gerade den Zusatzbedarf eines Jahres ab. Und das erst, wenn alle 26 Wasserturbinen

Blick in die Schaltzentrale: Von hier aus werden die auf die Turbinenräder strömenden Wassermengen und damit die Leistung der Generatoren geregelt.

(der ersten beiden Ausbaustufen) sowie die dazugehörenden Generatoren in Betrieb genommen wurden.

Die Turbinen werden auf zwei Kraftwerke verteilt. Auf der linken Uferseite sind die Arbeiten weitgehend abgeschlossen und die ersten Turbinen bereits angelaufen. Hier werden 14 der mit Durchmessern von knapp zehn Meter größten und mit einem Gewicht von 450 Tonnen schwersten bisher gebauten Francis-Turbinen installiert. Nicht nur die schieren Dimensionen der Wasserräder sind für die Turbinenbauer Voith Siemens Hydro Power Generation, Alstom und General Electric eine Herausforderung. Auch die infolge der Flutkontrolle stark schwankende Fallhöhe des zu den Turbinen fließenden Wassers erleichtert nicht gerade deren Arbeit. Liegen die Unterschiede zwischen Hoch- und Niedrigwasser (entscheidend ist die Differenz der Wasserspiegel vor und hinter dem Damm) bei den Großdämmen Itaipú in Brasilien und Krasnoyarsk in Russland bei lediglich rund zehn Metern, muss am Drei-Schluchten-Damm eine maximale Differenz von 33 Metern beherrscht werden. Dabei kommt es darauf an, dass bei allen Betriebsbedingungen der Wirkungs-

grad möglichst hoch ist. Das schafft man nur mit Anlagen, die für die jeweiligen Einsatzbedingungen entsprechend ausgelegt sind.

Der Drei-Schluchten-Damm ist für China ein Prestigeobjekt. Das zeigt auch die Infrastruktur rund um die Baustelle. Neben den zum Damm führenden mehrspurigen Straßen hat man mit mehrstöckigen Bürogebäuden, einem weitläufigen Informationszentrum, einem Großhotel sowie einer Parkanlage mit Schwimm- und „Erlebnisbad“ ganze Arbeit geleistet. Eine neue Hängebrücke mit der beachtlichen Spannweite von 900 Metern erleichtert das Queren des Flusses unterhalb der Baustelle. Doch je weiter man sich der eigentlichen Baustelle nähert, desto nüchterner fallen die Bauwerke aus. Unmittelbar in Sichtweite der Kräne, Förderbänder und Betonmischer stehen in Reih und Glied aus roten Ziegeln zusammengesetzte Unterkünfte, wo ein Teil der am Damm beschäftigten Arbeiter untergebracht ist. Für das Gros der Arbeiter hat man eigens eine kleine Stadt, nur wenige Kilometer von der Baustelle entfernt, angelegt. Knapp 30 000 Menschen waren zu den Spitzenzeiten hier beschäftigt, von denen etwa 12 000 direkt am Damm arbeiteten.

Zwei fünfstufige Schleusentreppen und ein Schiffshebewerk machen es möglich, dass 10 000-Tonnen-Schiffe bis in die Region um Chongquing fahren können, dem mit 30 Millionen Einwohnern größten Industrie- und Handelszentrum der Welt.

Der Bau des Drei-Schluchten-Damms ist nicht nur das größte Infrastrukturprojekt, das man jemals in Angriff genommen hat, es ist auch eines der umstrittensten. So haben Kritiker schon früh davor gewarnt, dass der Hochwasserschutz begrenzt sei, die Gefahren aber, die ein solch gewaltiger Damm mit sich bringt, groß seien. So wird etwa befürchtet, dass die Sedimentierung die Hochwassergefahr am Oberlauf eher vergrößern könnte.

Doch dürfen Zweifel am Sinn des Projekts offiziell nicht geäußert werden. Und das, obwohl bis zu seiner Fertigstellung im Jahr 2009 die Umsiedlung von mehr als einer Million Menschen erforderlich ist. Zwar steht den Bauern und anderen Umgesiedelten eine Entschädigung zu, doch auch darüber lässt sich streiten. Der „Zuschuss zur Umsiedlung", wie die gezahlten Beträge offiziell bezeichnet werden, berechnet sich nach dem Wert und der Größe des Hauses, dem Wert der landwirtschaftlichen Produktion und den Lebensumständen der Familien. Damit unterliegen die Zahlungen einem gewissen Ermessensspielraum, der immer wieder Anlass für Beschwerden liefert. Doch wer ein Haus nicht weit entfernt von seinem alten Dorf weiter oben am Flussufer zugewiesen bekommt, kann sich glücklich schätzen. Zehntausende Bauern wurden nach den Angaben der zuständigen Umsiedlungsbehörden in elf andere Provinzen und Regionen Chinas verschickt – bis in die hunderte Kilometer entfernte Provinz Jiangxi und an den Stadtrand von Shanghai.

Auch mit den zu erwartenden Umweltschäden wird gegen den Damm argumentiert. So befürchtet man, dass aus dem Erdreich unter den zum Teil heute noch vor sich hinqualmenden 3000 Fabriken entlang dem Speichersee sich größere Giftfrachten in den Jangtse ergießen könnten, wenn die Anlagen erst einmal überflutet sind. Zudem wird mit einer wachsenden Verschmutzung durch die aus der Region um Chongquing in den Fluss gelangenden Abfälle und Abwässer gerechnet. Dabei ist der Jangtse bereits heute stark belastet, was ein wesentlicher Grund dafür ist, dass man in den kommenden Jahren 260 Kläranlagen entlang dem Jangtse und seinen Zuflüssen bauen will.

Georg Küffner

DIE DAMMANLAGE VON ITAIPU

Tief im Herzen des tropischen Südamerika, nicht weit von jener Stelle, an der die drei Länder Argentinien, Brasilien und Paraguay aneinander grenzen, treffen sich zwei der mächtigsten Ströme des Kontinents. Kurz bevor er in den Rio Paraná mündet, stürzt der Rio Iguaçu über ein mehr als 2700 Meter breites Kliff fast 90 Meter in die Tiefe. Das Naturschauspiel der „Cataratas do Iguaçu", der Wasserfälle des Iguaçu, ist eine der größten Touristenattraktionen Südamerikas. Mehr als 350 000 Menschen aus allen Teilen der Welt besuchen die Fälle in jedem Jahr. Wie eine gewaltige Wand aus Wasser erscheint diese geologische Stufe tief in der dicht bewachsenen Landschaft. Selbst bei den tropisch heißen Temperaturen kondensiert die von dem stürzenden Wasser aufgewirbelte Gischt zu dichten Nebelschwaden, in der sich das Licht der Sonne zu bunten Regenbögen verfärbt. Das ohrenbetäubende Getöse der fallenden Wassermassen ist noch kilometerweit von den Fällen entfernt als dumpfes Grollen zu hören.

Das Dröhnen der Fälle von Iguaçu ist das lauteste Geräusch in dieser Dschungellandschaft unter dem Wendekreis des Steinbocks. Wenn heute in jeder Sekunde nahezu 700 Kubikmeter Wasser des Rio Paraná in jede der 120 Meter tiefer in der Kraftwerkshalle von Itaipú installierten Turbinen rauschen, geht es ebenfalls laut zu. Jede der Rohrleitungen, welche die 18 Turbinen mit Wasser versorgen, hat einen Durchmesser von zehn Metern. Im Wasser steckt so viel Energie, dass die sich hinter den Turbinen drehenden Generatoren insgesamt 12 600 Megawatt elektrische Leistung erzeugen – kein Kraftwerk auf der Welt hat bisher eine größere Kapazität. Nur 30 Kilometer trennen die berühmten Wasserfälle von Iguaçu von dem mindestens ebenso bekannten Kraftwerk von Itaipú – und nirgendwo auf der Welt wird auf derart kurze Entfernung die Spannung zwischen der natürlich dahinrauschenden Wasserkraft und ihrer großtechnischen Nutzung deutlicher als hier im Süden Brasiliens. Wer die Wasserfälle und das Wasserkraftwerk innerhalb von wenigen Stunden hintereinander besucht, wird überrascht sein, wie ähnlich sich beide Objekte sind.

Wie die Geländestufe von Iguaçu ist die Dammanlage von Itaipú mehrere Kilometer breit; hier fällt das Wasser bis zu 90 Meter tief, dort im Kraftwerk sind es 120. Nirgendwo sonst wird dem Besucher aber auch so bewusst, dass sich die Kraft des Wassers zur Nutzung durch den Menschen nur mit Vision, Ausdauer, Fachkenntnis und großem finanziellen Aufwand zähmen lässt. Damit Itaipú verwirklicht werden konnte, arbeiteten die besten Ingenieure Südamerikas mit den erfahrensten Unternehmen in Europa zusammen. Itaipú konnte nur entstehen, weil südamerikanische Politiker sich in zähen Verhandlungen zusammenrauften und weil es gelang, mit internationaler Hilfe mehr als 18 Milliarden Dollar zur Finanzierung dieses Mammutprojektes bereitzustellen.

Der Rio Paraná ist der siebtgrößte Fluss der Welt. Er bildet unter anderem den Grenzfluss zwischen Brasilien und Paraguay, fließt unterhalb von Iguaçu noch 1000 Kilometer weit durch Argentinien, bevor er in den Rio de la Plata und damit in den Südatlantik mündet.

Die Idee, die Kraft des Rio Paraná zu zähmen, ist schon alt. Bereits im Jahre 1932 kamen die Anrainerstaaten überein, sich gegenseitig über die jeweils geplante Wassernutzung zu unterrichten. Nach dem Zweiten Weltkrieg planten Brasilien, Argentinien und – in geringerem Maße – auch Paraguay große Wasserkraftprojekte für ihre jeweiligen Abschnitte des Rio Paraná. Aber erst Ende der 60er Jahre des 20. Jahrhunderts begannen Politiker und Ingenieure aus Brasilien und Paraguay über ein wahrlich gigantisches Projekt zu diskutieren. In jener 150 Kilometer langen Strecke, in der der Rio Paraná als Grenzfluss zwischen den beiden Staaten verläuft, hat er nämlich ein Gefälle von 120 Metern. Brasilien wollte die in diesem Gefälle steckende Kraft nutzen, bevor der Fluss argentinisches Territorium erreicht. Aber anstatt das wesentlich kleinere und wirtschaftlich erheblich schwächere Paraguay mit dem gewaltigen Projekt zu überfahren, gestand man dem kleineren Partner absolute Parität zu. Der Vertrag zum ‚Itaipú Binacional' ist ein diplomatisches Meisterstück. Das Abkommen wurde im Jahre 1973 unterzeichnet, und schon zwei Jahre später begann der Bau.

Zunächst musste dazu der Rio Paraná, der an dieser Stelle durchschnittlich 9000 Kubikmeter Wasser pro Sekunde führt, umgeleitet werden. Bevor mit dem Bau der Dammanlage begonnen werden konnte, sprengten sich Mineure 2000 Meter weit durch den anstehenden Basalt und schufen dabei einen 150 Meter breiten und 90 Meter tiefen Kanal. Fast 64 Millionen Kubikmeter Fels wurden bewegt, um dem wilden Fluss für die Zeit der Bauarbeiten ein neues Bett zu geben. Erst nachdem das ursprüngliche Flussbett trocken lag, konnte mit der Gründung der knapp 200 Meter hohen Staumauer begonnen werden. Obwohl sie 1234 Meter breit ist, wäre sie alleine nicht in der Lage, das Wasser des Rio Paraná zurückzuhalten. Vielmehr ist die Staumauer das Zentrum einer 6,4 Kilometer langen Dammanlage, die sich mit mehreren Erd- und Felsschüttdämmen nach beiden Seiten erstreckt. Auch ein gewaltiger Überlauf, über den 62 000 Kubikmeter Wasser je Sekunde abgeleitet werden können, ist Teil dieses Stauwerkes.

Itaipú ist ein Bauwerk der Superlative. Unter anderem wurden zwölf Millionen Kubikmeter Beton und 480 000 Tonnen Stahl verbaut. Allein mit dem Stahl ließen

Mehr als zehn Meter beträgt der Durchmesser der Fallrohre, durch die das Wasser aus dem Stausee auf die Turbinen von Itaipú geleitet wird.

Die Dammanlage von Itaipú aus der Luft:
Oben rechts im Bild ist das eigentliche Kraftwerk zu sehen.
Die Überläufe unten links erinnern an leere Autobahnen.

Durch diese Rohre fällt das gestaute Wasser des Rio Paraná 120 Meter tief auf die Turbinen.

In der Mitte des Damms verläuft die Grenze zwischen Brasilien und Paraguay. Um den mit einer Netzfrequenz von 50 Hertz produzierten „paraguayischen Strom" zum Großverbraucher Brasilien liefern zu können, muss er an die hier üblichen 60 Hertz angepasst werden.

sich 50 Eiffeltürme errichten. Mit der Bauausführung waren brasilianische Bauunternehmen betraut, die elektrische Einrichtung und die Generatoren wurden von einem Konsortium europäischer Firmen entwickelt, aber weitgehend in Brasilien hergestellt. Das gilt auch für die Turbinen, die von Voith in Heidenheim konzipiert, aber von dem Tochterunternehmen in Brasilien hergestellt wurden.

Nachdem der Damm im Oktober 1982 geschlossen wurde, dauerte es nur 14 Tage, bis der 170 Kilometer lange und bis zu acht Kilometer breite Stausee dahinter vollgelaufen war. Der erste elektrische Strom wurde im Jahre 1984 erzeugt, und im Jahre 1991 wurde die letzte der ursprünglich geplanten 18, jeweils 700 Megawatt leistenden Anlagen in Betrieb genommen. Die Gesamtleistung beträgt seitdem 12,6 Gigawattstunden, und damit ist Itaipú noch der einsame Rekordhalter bei Kraftwerken. Insgesamt erzeugen die rotierenden Generatoren in der gewaltigen Turbinenhalle des

Ein Bauwerk der Superlative:
Allein aus dem verbauten Stahl ließen sich 50 Eiffeltürme bauen.

Kraftwerkes pro Jahr mehr als 90 Milliarden Kilowattstunden elektrischer Energie. Nach dem zwischen Brasilien und Paraguay geschlossenen Vertrag steht jedem Partner die Hälfte dieser Energie zu. Das kleinere Land westlich des Stausees kann aber nur weniger als fünf Prozent des Stromes selbst verbrauchen und verkauft den größten Teil der ihm zustehenden elektrischen Energie nach Brasilien. Mit den Erlösen finanziert Paraguay seinen Teil des Schuldendienstes für die Baukredite für Itaipú.

Um den Strom aber über die Grenze hinweg liefern zu können, mussten sich die Ingenieure eine kostspielige Sonderlösung einfallen lassen. Da man im Vertrag von Itaipú auf absoluter Parität der beiden Partner bestand, wurden neun der Generatoren für die brasilianische Netzfrequenz von 60 Hertz ausgelegt. Die anderen neun erzeugen ihren Strom dagegen mit der in Paraguay üblichen Netzfrequenz von 50 Hertz. Damit der „paraguayanische Strom“ in Brasilien genutzt werden kann, wird er zunächst in Itaipú gleichgerichtet und dann über eine 600-Kilovolt-Überlandleitung als Gleichstrom ins 800 Kilometer entlegene São Paulo geleitet. Bevor er dort ins Netz geht, muss er auf 60 Hertz wechselgerichtet werden. Dieses Verfahren ist nicht nur umständlich, sondern auch teuer. Es wäre billiger gewesen, gleichzeitig mit dem Bau von Itaipú ganz Paraguay auf die brasilianischen 60 Hertz umzustellen – aber gegen einen solchen „Stromimperialismus“ setzte sich Paraguay zur Wehr.

Die Anlage von Itaipú ist keineswegs das einzige binationale Kraftwerk, an dem Paraguay beteiligt ist. Gut 400 Kilometer stromab hat das kleine südamerikanische Land zusammen mit Argentinien den Rio Paraná hinter dem Damm von Yacyretá erneut aufgestaut. Seit dem Jahr 1994 wird dort in dem angeschlossenen, auf 3080 Megawatt Leistung ausgelegten Kraftwerk Strom erzeugt.

Obwohl die Wirtschaft und damit auch der Stromverbrauch in Südamerika längst nicht mehr so schnell wachsen wie noch zu Baubeginn vor 30 Jahren, ist man dabei, die Anlage von Itaipú mit zwei weiteren Turbinen und den jeweiligen Generatoren auszurüsten. Dann wird die gesamte installierte Leistung 14 000 Megawatt betragen. Lange Zeit war Itaipú damit das leistungsstärkste Wasserkraftwerk der Welt. Mit der bis zur Fertigstellung 2009 geplanten installierten Leistung von 18 200 Megawatt übertreffen die Kraftwerke des Drei-Schluchten-Damms in China diesen Wert jedoch erheblich. Dennoch verliert Itaipú dadurch nicht den Titel des größten Kraftwerkes der Welt. Da die Anlage nämlich das gesamte Jahr über unter hoher Auslastung läuft, liefert Itaipú pro Jahr etwa 93 Milliarden Kilowattstunden elektrischer Energie ins Netz. Am Drei-Schluchten-Damm werden es nach jetziger Planung dagegen „lediglich“ 85 Milliarden Kilowattstunden sein – in beiden Fällen ein außergewöhnlicher Superlativ.

Horst Rademacher

DER ASSUANDAMM

Als in der Mitte des vergangenen Jahrhunderts die Sardinenfänge im Ostpazifik vor der Küste Nordamerikas immer weiter zurückgingen, beschrieb John Steinbeck den Zusammenbruch der Fischereiindustrie in Kalifornien in seinem Roman „Die Straße der Ölsardinen" und erntete damit Weltruhm. Niemand – auch Steinbeck nicht – wusste allerdings, warum die Netze der Fischer plötzlich so leer blieben. Als aber ab dem Jahre 1965 die Sardinen im östlichen Mittelmeer plötzlich ausblieben, war die scheinbare Ursache schnell gefunden. Der Hochstaudamm von Assuan sei daran schuld, dass die Fischer vor dem Delta des Nils mit leeren Booten in ihre Häfen zurückkehrten. Auf den ersten Blick erscheint es geradezu absurd, dass ein Damm, der einen Süßwasserfluss mehr als 1000 Kilometer von den Fanggründen entfernt aufstaut, die Fischerei im salzigen Meerwasser beeinflussen könnte.

Tatsächlich unterbrach der Assuandamm, hinter dem der Nil seit dem 15. Mai 1964 gestaut wurde, aber einen jahrtausendealten Rhythmus, der eine der frühesten Hochkulturen der Welt entstehen ließ und von dem schon in der Bibel berichtet wird. Der längste Fluss der Welt trug nämlich bis in die zweite Hälfte des vergangenen Jahrhunderts weitgehend ungestört fruchtbaren Schlamm aus den Hochländern in Äthiopien und Uganda mehrere tausend Kilometer weit nach Norden in einen schmalen Wüstenstreifen Ägyptens. Der Schlamm und die aus dem Nil abgeleitete Bewässerung machten in diesen Ausläufern der Sahara den Anbau landwirtschaftlicher Produkte überhaupt erst möglich. Ein großer Teil des Schlammes erreichte aber auch das Nildelta – und mit ihm gelangten jene Nährstoffe ins östliche Mittelmeer, die das Plankton blühen ließen und damit den Sardinen reichlich Nahrung boten.

Durch die regelmäßigen Hochwasser im Unterlauf des Nils wurden Mineralien auf den Feldern Ägyptens abgelagert. Der Schlamm war eine natürliche Düngung, wie es sie besser kaum geben kann, und er machte es im alten Ägypten möglich, die Bevölkerung in den meisten Jahren im Überfluss zu ernähren. Deshalb meinte Herodot, der altgriechische „Vater der Geschichte", Ägypten sei ein Geschenk des Nils, und in der Bibel ist von den „sieben fetten Jahren" die Rede, die auf solche fruchtbaren Hochwasser folgten. Immer wieder kam es aber auch zu verheerenden Überflutungen, die nicht nur die reiche Ackerkrume wegschwemmten, sondern auch Bewässerungskanäle und ganze Dörfer hinwegrissen. Diese unbeherrschbaren Ströme waren die Ursache für die „mageren Jahre", die wiederum zu Hungersnöten und sozialem Aufstand führten.

Schon sehr früh versuchten die Herrscher Ägyptens, diesen katastrophalen Hochwassern und damit der Unberechenbarkeit des Flusses mit Schutzwällen zu begegnen. Schon im Jahre 2950 vor Christus wurde mit dem Bau des ersten Nildam-

Aus Steinen geschüttet und sanft geschwungen staut der Assuandamm den Nil zum Nasser-See auf.

mes 30 Kilometer südlich von Kairo begonnen. Angeblich sollen die Arbeiten an diesem 110 Meter breiten und fast 70 Meter hohen Wehr aus Mauerwerk und Schotter fast 200 Jahre gedauert haben. Hochwasser zerstörten das Bauwerk jedoch schon wenige Jahrzehnte nach der Fertigstellung. Mehr als 4800 Jahre später entstand dann in der Nähe der kleinen Siedlung Assuan, kurz nachdem der Nil aus dem Sudan kommend die ägyptische Grenze überschritt, ein weiterer Damm. Im Jahre 1902 begann dieses 1900 Meter lange und 21 Meter hohe Wehr den Nil zu stauen. Es stellte sich jedoch bald heraus, dass der Damm zu niedrig war. Zweimal, zunächst im Jahre 1912 und später im Jahre 1933, wurde dieser Damm auf insgesamt 35 Meter erhöht, und dennoch brachte ihn ein Hochwasser im Jahre 1946 beinahe zum Bersten.

Daraufhin rieten Fachleute dazu, einen neuen, größeren Damm ein wenig flussaufwärts zu bauen, anstatt die alte Staustufe noch weiter zu erhöhen. Im Jahre 1960 begannen die Arbeiten, und am 15. Januar 1971 wurde der „Hochdamm von Assuan“ in Beisein vieler Ehrengäste feierlich eingeweiht. Hinter diesem 3840 Meter langen, 111 Meter hohen Steinschüttwall staut sich der Nil zum größten künstlichen See Afrikas. Um den enormen Kräften des im Nasser-See gestauten Wassers standzuhalten,

Am Ende des fast vier Kilometer langen Dammes befindet sich das Maschinenhaus.

ist der Damm an seiner Basis fast einen Kilometer breit. Entlang der Krone spannt er immerhin noch 40 Meter. Die zwölf Generatoren in den Turbinenhäusern an seinem Fuß können bis zu 2100 Megawatt elektrischen Strom erzeugen.

Wie so oft bei Großprojekten wurde auch der Assuandamm zum Spielball internationaler Politik. Nachdem Gamal Abdel Nasser im Jahre 1952 durch einen Putsch in Kairo an die Macht kam, machte er sich die Pläne der Fachleute für einen Hochdamm zu Eigen. Sowohl die ehemalige Kolonialmacht Großbritannien als auch die Vereinigten Staaten unterstützten den Bau. Als Washington aber merkte, dass Nasser heimlich Waffen in der Sowjetunion kaufte, entzog man ihm die Unterstützung. Daraufhin „verstaatlichte" Nasser den Suezkanal, eine internationale Wasserstraße, denn er wollte mit den Einnahmen aus dem Kanal den Assuandamm finanzieren.

In der Suezkrise gingen diese Pläne aber zunächst unter, Nasser gab sein Prestigeprojekt aber dennoch nicht auf. Für ihn war der Damm das Kernstück zur Entwicklung seines damals noch weitgehend unterentwickelten Landes: Die bewässerte und damit landwirtschaftlich nutzbare Fläche in Ägypten könnte durch den Damm um mindestens ein Viertel vergrößert werden, Strom sollte erzeugt und die katastro-

Die altägyptischen Ruinen von Abu Simbel wurden so verlegt, dass sie nicht in den Fluten des Nasser-Sees versanken.

phalen Überschwemmungen ein für allemal verhindert werden. Weil er im Westen keine Unterstützung fand, wandte sich der ägyptische Präsident an die Sowjetunion, die während des Kalten Krieges nur zu gerne bereit war, Entwicklungshilfe zu leisten.

Das Projekt, die Kraft des Nils mit dem Assuandamm endgültig zu zähmen, passte in die damalige Ideologie des Kreml. Russland schickte 400 Fachleute und übernahm einen großen Teil der Kosten.

Im Westen hagelte es aber Kritik an dem Projekt der Superlative, den längsten Fluss der Welt zum größten See Afrikas zu stauen. Zum einen wurde die Umsiedlung von mehr als 100 000 Nubiern, die im Niltal im ägyptisch-sudanesischen Grenzgebiet lebten, angeprangert. In einer beispiellosen Rettungsaktion gelang es, die altägyptischen Ruinen von Abu Simbel so zu verlegen, dass sie nicht in den Fluten des Nasser-Sees versanken. Andere Experten befürchteten, dass hinter dem

Damm überhaupt kein See entstehen würde, denn die Verdunstung in der Wüste sei so hoch, dass der Nil nicht genug Wasser liefern könnte. Dann hieß es, die Schlammfrachten würden den See innerhalb weniger Jahre verlanden. Als dann noch die Sardinen vor dem Nildelta ausblieben und die ägyptischen Landwirte ihre Felder mit großen Mengen Kunstdünger bearbeiten mussten, um die fehlenden natürlichen Schlammdüngungen auszugleichen, schien das Umweltdesaster perfekt. Kein Wasserkraftprojekt der Welt habe je einen derart schlechten Ruf gehabt wie das Assuanprojekt, meint der frühere Generalsekretär der Internationalen Kommission für Großtalsperren, Joannes Cotillon – und fügt hinzu, dass die meisten Befürchtungen überzogen waren.

Der größte Vorteil ist zweifellos, dass die Bauern ihre Felder nun kontinuierlich und nicht mehr jahreszeitlich schwankend bewässern können. Als Folge brin-

Ein Viertel des Strombedarfs Ägyptens wird
in der Turbinenhalle des Assuandamms erzeugt.

gen sie jährlich zwei bis drei Ernten ein. Die gleichmäßige Bewässerung zahlte sich vor allem in den Dürrejahren 1972/73 sowie von 1979 bis 1987 aus, in denen ägyptische Landwirte weiterhin reiche Ernten einfahren konnten. Gleichzeitig kam es in den schweren Regenjahren, die sich 1975 und 1988 im Oberlauf des Nils ereigneten, in Ägypten nicht zu den gefürchteten Überschwemmungen. Auch die vorhergesagte Verlandung des Stausees blieb aus. Wegen der hohen Schlammfracht wurde ursprünglich fast ein Fünftel des 162 Milliarden Kubikmeter betragenden Fassungsvermögens des Nasser-Sees als „Totraum" für die Ablagerung von Sedimenten reserviert. Aber selbst mehr als 30 Jahre nach dem Staubeginn hat sich erst eine Million Kubikmeter Schlick auf dem Seeboden abgelagert.

Die anfängliche, außergewöhnlich scharfe Kritik an den Umweltschäden, die der Assuandamm angeblich verursachen würde, ist inzwischen weitgehend verstummt. Der führende Wasserkraftexperte, Asit Biswas, ehemaliger Präsident der Internationalen Vereinigung für Wasserreserven, meint, dass der Damm zwar zu Veränderungen in der Umwelt geführt habe. Sie seien aber weitaus weniger gravierend als befürchtet. Der Assuandamm habe signifikant zur sozialen und wirtschaftlichen Entwicklung Ägyptens beigetragen, nicht zuletzt dadurch, dass in den Generatoren unterhalb des Damms pro Jahr etwa 10 000 Gigawattstunden Strom erzeugt werden. Das deckt etwa ein Viertel des Strombedarfs des Landes.

Und dass gut 15 Jahre nach Schließung des Dammes auch die Sardinen wieder in das östliche Mittelmeer zurückkehrten, besänftigte auch die Fischer im Nildelta. Offenbar waren es nämlich nicht die fehlenden Nährstoffe, die zum Ausfall der Erträge aus dem Fischfang geführt hatten, sondern – wie an vielen anderen Stellen auch – die rücksichtslose Überfischung. Selbst wenn die Sardinen heute ausblieben, gäbe es ausreichend frischen Fisch in Ägypten, denn im Nasser-See werden heutzutage jährlich mehr als 40 000 Tonnen Fisch gefangen.

Horst Rademacher

„EINE WIRKSAME BEKÄMPFUNG DER ARMUT IST OHNE EINE VERNÜNFTIGE WASSERVERSORGUNG NICHT MÖGLICH“

IM GESPRÄCH MIT DR. ALESSANDRO PALMIERI, FACHMANN FÜR WASSERKRAFT BEI DER WELTBANK IN WASHINGTON

Vier Milliarden Menschen – rund die Hälfte der Weltbevölkerung – werden im Jahr 2025 unter Wassermangel leiden. Besonders ernst wird die Lage vermutlich in Afrika, dem Mittleren Osten und in Südasien sein. Dort wird die Knappheit der lebenswichtigen Ressource Wasser das Wirtschaftswachstum behindern und für viele Menschen den Weg aus der Armut verstellen. Um dies zu verhindern, sind erhebliche Anstrengungen der internationalen Gemeinschaft notwendig, sowohl in Bezug auf die Versorgung der Bevölkerungen mit Trinkwasser und Wasser für die Landwirtschaft als auch hinsichtlich des Einsatzes der Wasserkraft zur Energieerzeugung. Darauf weist Alessandro Palmieri, Fachmann für Staudämme bei der Weltbank in Washington, hin. „Eine wirksame Bekämpfung der Armut ist ohne eine vernünftige Wasserversorgung nicht möglich“, sagt Palmieri.

Jüngsten Schätzungen zufolge wird die Weltbevölkerung in den kommenden 30 Jahren um rund zwei Milliarden Menschen wachsen, eine weitere Milliarde soll in den darauf folgenden 20 Jahren hinzukommen. Fast der gesamte Zuwachs wird auf die Entwicklungsländer und dort vor allem auf die Städte entfallen, wo heute rund drei Milliarden Menschen mit weniger als zwei Dollar am Tag auskommen müssen. „Um diese extreme Armut zu beseitigen, sind deutliche Zuwächse in der Produktivität und bei den Einkommen notwendig.“ In Bezug auf Wasser schließe das die Errichtung einer Infrastruktur sowohl in städtischen als auch in ländlichen Gebieten ein, die die Versorgung mit Wasser zur Nahrungsmittelproduktion und Energieerzeugung sicherstellen müsse.

Palmieri verweist auf die Beschlüsse des Gipfeltreffens von Johannesburg aus dem Jahr 2002, die auf einen stärkeren Rückgriff auf erneuerbare Energiequellen auch in den Entwicklungsländern zielen. Die Wasserkraft spiele in diesem Zusammenhang eine besondere Rolle. Derzeit trägt die Wasserkraft mit rund 2650 TWh im Jahr etwa 19 Prozent zur Elektrizitätserzeugung auf der Welt bei. Rund 90 Prozent des bisher ungenutzten Potenzials von 5400 TWh im Jahr befinden sich nach Angaben des Weltbank-Fachmanns in Entwicklungsländern. „In den Industrienationen sind bereits rund 70 Prozent des Potenzials ausgeschöpft. In Afrika sind es nur drei Prozent, in den Entwicklungsländern zusammen nur rund 20 Prozent“, sagt Palmieri. Nepal beispielsweise habe das rund anderthalbfache Wasserkraft-Potenzial von Norwegen, davon würden derzeit aber nur rund 600 MW ausgeschöpft; in Norwegen seien es hingegen 27 000 MW.

In vielen Ländern haben Investitionen in die Infrastruktur für das Wasser sowohl direkte als auch indirekte positive Folgen für Wachstum

und Entwicklung und sind darum ein wichtiger Bestandteil einer Strategie zur Armutsverringerung. Gleichwohl ist es notwendig, Investitionen beispielsweise in Staudämme eingehend unter ökonomischen, umwelt- und sozialpolitischen Aspekten zu prüfen. „Es gibt eine besondere Verantwortung. Die Menschen in den Regionen müssen in den Entscheidungsprozess einbezogen werden, damit ihre Bedürfnisse wirklich berücksichtigt sind", sagt Palmieri. Die Streitigkeiten im Zusammenhang mit dem Bau von Dämmen sollten seiner Ansicht nach in einen konstruktiven Dialog umgewandelt werden, indem die Diskussion darüber auf ein frühes Stadium der Planungsphase vorgezogen werde. Unter Einbindung der Bevölkerung müssten verschiedene Möglichkeiten geprüft und auf Vor- und Nachteile abgeklopft werden. „Die Lösungen müssen maßgeschneidert sein und die Unterstützung der Menschen vor Ort haben", beschreibt Palmieri eine der wichtigen Lehren aus der Vergangenheit. Das gelte nicht zuletzt für die Größe eines Wasserkraftwerks. Weder kleine noch große Kraftwerke seien prinzipiell gut oder schlecht, ausschlaggebend seien allein die Bedürfnisse unter Berücksichtigung verschiedener ökonomischer Faktoren wie unter anderem Schwankungen in der Elektrizitätsnachfrage sowie die überhaupt möglichen Alternativen. Die Schaffung einer modernen Wasser-Infrastruktur sei ein unverzichtbares Mittel, um die Erzeugung von Elektrizität zu verbessern und einen Schutz vor Dürren oder Überschwemmungen zu bieten, sagt der Staudamm-Fachmann.

Zu den Bedenken, die aus Umweltschutzgründen am häufigsten gegen die Errichtung von Staudämmen und Bewässerungsanlagen vorgebracht werden, zählen eine mögliche Verschlechterung der Wasserqualität, die Überschwemmung von Landflächen durch Staubecken und Veränderungen in der Tier- und Pflanzenwelt. Mitunter werden auch archäologisch oder historisch bedeutsame Stätten durch die Projekte in Mitleidenschaft gezogen. Die Beeinträchtigung der Umwelt kann also sowohl direkt als auch indirekt sein, und sie kann sowohl während des Baus des Damms als auch nach der Inbetriebnahme des Kraftwerks erfolgen. In den meisten Industrie- und Entwicklungsländern ist darum die Erstellung eines Umweltgutachtens zwingend vorgeschrieben. Auch die Weltbank verlangt ein solches Gutachten als Voraussetzung für die Bewilligung von Krediten. Die Weltbank fasst den Umweltbegriff dabei weit und schließt physikalische, biologische, soziale, ökonomische und kulturelle Aspekte ein. Das Gutachten enthält auch Empfehlungen, wie die negativen Folgen des Kraftwerk- oder Bewässerungsanlagenbaus begrenzt werden können. „Moderne Projekte beziehen die Ergebnisse und Ratschläge des Umweltgutachtens in der Planung, dem Bau und dem Betrieb ein", sagt Palmieri.

„Es gibt eine besondere Verantwortung. Die Menschen in den Regionen müssen in den Entscheidungsprozess einbezogen werden, damit ihre Bedürfnisse wirklich berücksichtigt sind."

„Die Lösungen müssen maßgeschneidert sein und die Unterstützung der Menschen vor Ort haben."

Die Weltbank legt außerdem großen Wert darauf, dass die Bevölkerung in den Regionen der verschiedenen Kraftwerksprojekte einen Anteil an deren Nutzen hat, der über den Zugang zur Energie hinausgeht. Dies geschieht in manchen Fällen in Form einer Beteiligung an den Erträgen, die sich mit der Erzeugung von Energie aus Wasserkraft oder durch Wassergebühren erzielen lassen. Das Geld fließt dann über regionale oder lokale Behörden zurück in die Gemeinden. Anderswo werden „Entwicklungsfonds" mit Teilen der Gewinne eingerichtet, aus denen andere Projekte zur Armutsbekämpfung finanziert werden. In anderen Fällen erhebt der Staat Steuern von den Kraftwerksbetreibern auf deren Umsätze oder handelt günstigere Strompreise für die lokale Bevölkerung aus.

Die Weltbank hat seit geraumer Zeit jedes Jahr rund drei Milliarden Dollar in verschiedene Wasserprojekte investiert, das entspricht rund fünf Prozent des Gesamtengagements in den Entwicklungsländern. In den vergangenen zehn Jahren sind von der Weltbank rund 16 Prozent ihrer Entwicklungshilfekredite für wasserbezogene Projekte bewilligt worden, jeweils rund vier Prozent entfielen auf Wasserkraft sowie Bewässerung. Angesichts der großen Herausforderungen in der Versorgung mit und der Verwaltung der Ressource Wasser will sich die Weltbank auch künftig sowohl mit finanzieller Hilfe als auch durch Weitergabe von Fachwissen auf diesem Feld betätigen. „Wir wollen einen umfassenden Ansatz verfolgen und Investitionen mit Reformen verbinden. In diesem Zusammenhang werden wir auch Wasserkraftwerke weiter fördern, in verschiedenen Größen und Formen, je nach den jeweiligen Bedürfnissen und Möglichkeiten", sagt Palmieri. Zugleich weist er darauf hin, dass die bessere Versorgung der Menschen in der Dritten Welt mit Wasser, auch mit aus Wasserkraft gewonnener Elektrizität, große Bedeutung für das Erreichen der Jahrtausend-Ziele der Entwicklungshilfe habe. Die so genannten „Millennium Development Goals" sehen unter anderem eine Halbierung des Anteils jener Menschen bis zum Jahr 2015 – im Vergleich zu 1990 – vor, die in schlimmster Armut leben müssen. Im Gegensatz zur Wärmeenergie, wo der größte Teil der Kosten erst bei der tatsächlichen Erzeugung anfalle, seien Wasserkraftwerke sehr kapitalintensiv und erforderten einen hohen finanziellen Aufwand lange vor Beginn der Ertragsphase. „Darum müssen die Geberländer ihr finanzielles Engagement erhöhen", fordert der Weltbank-Experte.

Die hohe Kapitalintensität ist offenbar auch eine der großen Hürden für private Investoren, sich in Projekten der Wasser-Infrastruktur zu engagieren. Darum hängt vieles davon ab, wie Kosten und finanzieller Nutzen während des Genehmigungsverfahrens oder durch vertragliche Vereinbarungen beeinflusst werden. Palmieri zählt eine Reihe von „Herausforderungen" in diesem Zusammenhang auf: die Verlässlichkeit des Stroms von Einnahmen sowie die Angemessenheit der Tarife, rechtliche und regulato-

„Es kommt darauf an, frühzeitig die Interessen aller Beteiligten – Investoren, Regierungen, Kreditgeber, die betroffenen Gemeinden und die mutmaßlichen Nutznießer – der Elektrizität aus Wasserkraft in Einklang zu bringen.“

rische Risiken, geologische Risiken und umweltpolitische sowie soziale Risiken. Den Daten der Weltbank zufolge entfallen in der frühen Planungsphase – also vor Erteilung der Baugenehmigung durch die Regierung – nahezu zwei Drittel aller privaten Energieprojekte in den Entwicklungsländern auf Wasserkraft. In einem fortgeschritteneren Stadium sind es noch rund ein Viertel, und bei Vertragsabschluss sind es nur noch sieben Prozent. Dies macht die großen Unwägbarkeiten deutlich, die Projekte schon früh zum Scheitern bringen. Angesichts der großen Risiken sei es das Ziel der privaten Projektentwickler, diese auf den frühen Stufen der Planung zu minimieren, berichtet Palmieri. Darum versuchten sie häufig, die Kosten durch eine Beteiligung der jeweiligen Regierungen in Grenzen zu halten. Auf diese Weise lasse sich auch das Risiko verringern, dass es im weiteren Planungsverlauf zu kostspieligen Verzögerungen komme. Solange noch keine größeren Summen in ein Projekt geflossen seien, ließen sich auch Verzögerungen recht gut verkraften. „Es kommt darauf an, frühzeitig die Interessen aller Beteiligten – Investoren, Regierungen, Kreditgeber, die betroffenen Gemeinden und die mutmaßlichen Nutznießer – der Elektrizität aus Wasserkraft in Einklang zu bringen“, sagt Palmieri. Den Erfahrungen der Weltbank zufolge ist die Gefahr, dass Projekte ins Stocken geraten, um ein Vielfaches höher, wenn die „Stakeholder“ nicht in den Planungsprozess einbezogen werden. „Die Kosten dieser Verzögerungen übersteigen den Aufwand der Einbeziehung deutlich.“

Der Zugang zur knappen Ressource Wasser birgt angesichts des Bevölkerungswachstums durchaus das Potenzial für Konflikte oder gar kriegerische Auseinandersetzungen. Diese Gefahr wird durch den Klimawandel und sich verändernde Niederschlagsgewohnheiten in der Welt noch verschärft, wenn es nicht gelingt, die Quantität und die Qualität des Wassers besser zu verwalten und die Folgen von Dürren und Überschwemmungen in den Entwicklungsländern zu mildern. Nach Ansicht der Weltbank solle Wasser „ein Katalysator für die Zusammenarbeit zwischen den Nationen“ sein und nicht Kriege heraufbeschwören, sagt Palmieri.

Aufgezeichnet von Claus Tigges

Sitz der Weltbank in Washington.

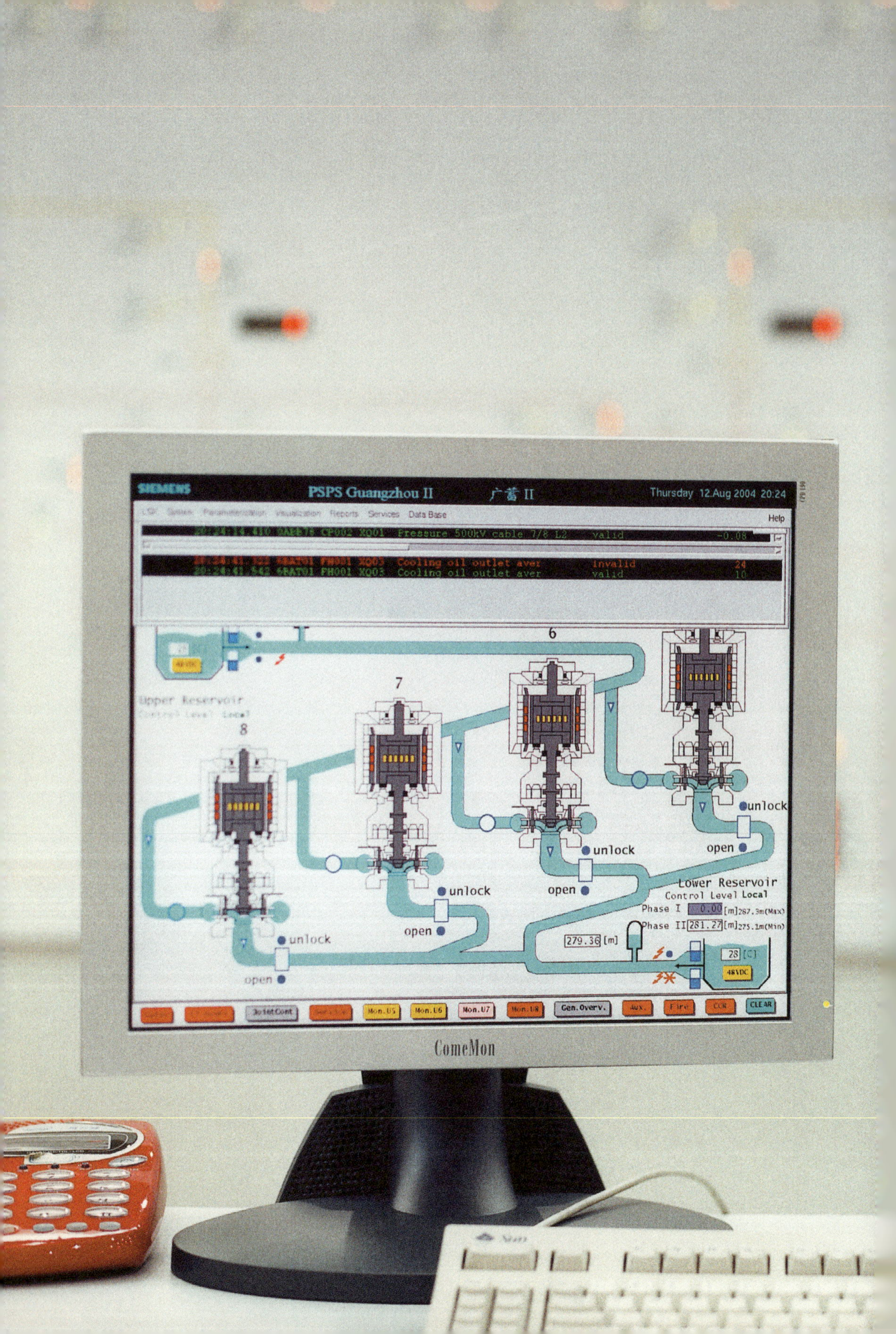
SIEMENS
PSPS Guangzhou II
广蓄 II
Thursday 12.Aug 2004 20:24
Data Base
Help
Pressure 500kV cable 7/8 L2
valid
Cooling oil outlet aver
invalid
Cooling oil outlet aver
valid
6
7
8
Upper Reservoir
unlock
open
unlock
open
unlock
open
unlock
open
Lower Reservoir
Control Level Local
Phase I
Phase II
279.36 [m]
48VDC
Gen.Overv.
Mon.U5
Mon.U6
Mon.U7
Mon.U8
CLEAR
ComeMon

KRAFTWERKSTYPEN

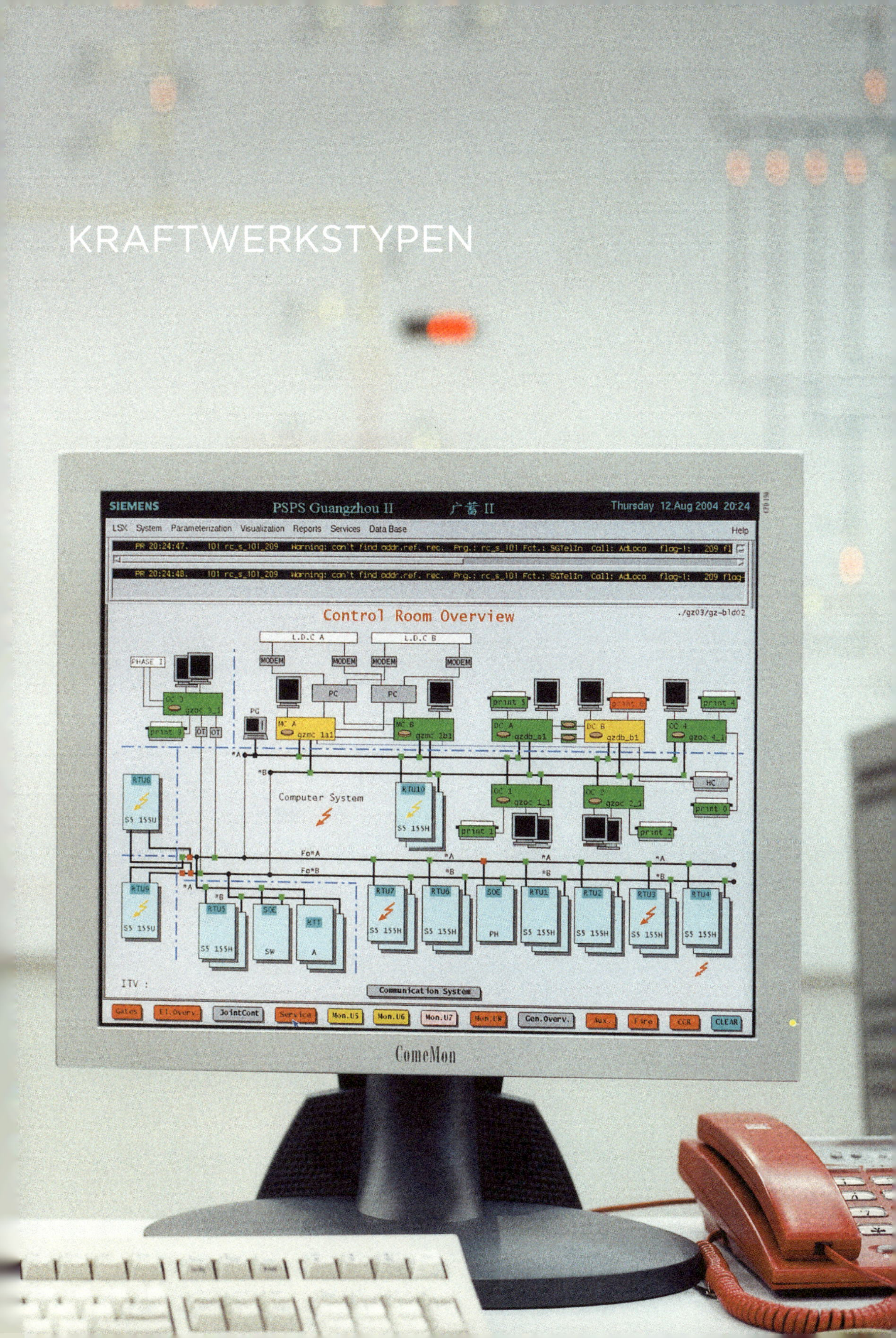

PUMPSPEICHERKRAFTWERKE

Pumpspeicherkraftwerke sind Schnellstarter. In nur wenigen Sekunden entfalten sie aus dem Stillstand heraus ihre volle Kraft, während Steinkohle-, Braunkohle- und auch Kernkraftwerke dazu mehrere Stunden benötigen. Gaskraftwerke brauchen – aus dem Stand-by-Betrieb heraus – bis zum Volllastbetrieb rund 15 Minuten und kommen damit ebenfalls nicht an das Sprintvermögen von Pumpspeicherkraftwerken heran. Doch dieses schnelle Reaktionsvermögen ist nicht ihr einziger Vorteil. Pumpspeicherkraftwerke sind heute die einzige wirtschaftlich vertretbare Möglichkeit, elektrische Energie in größerem Umfang zu speichern.

Und so arbeitet ein Pumpspeicherkraftwerk: In der „Leistungsphase" treibt das aus einem oberen Staubecken in die Tiefe stürzende Wasser Turbinen an, die Generatoren zum Drehen bringen und elektrischen Strom erzeugen. Zuvor muss jedoch während der „Aufladphase" Wasser aus einem Talspeicher in das höher gelegene Staubecken gepumpt werden – wozu elektrische Energie benötigt wird. Da man dazu jedoch den während der Nacht oder an Wochenenden in rund um die Uhr mit gleicher Leistung arbeitenden so genannten Grundlastkraftwerken (das sind vor allem Kern- und Braunkohlekraftwerke) erzeugten und nicht an die Industrie oder an Privathaushalte zu verkaufenden „Überschussstrom" verwendet, ist der Betrieb eines Pumpspeicherkraftwerks trotz erheblicher Investitionskosten rentabel. Denn für den „Ladestrom" müssen nur die Fixkosten angesetzt werden, während für den erzeugten Spitzenlaststrom ein Vielfaches dessen erlöst werden kann, was für Grundlaststrom zu bekommen ist.

Dabei können die Ursachen für Lastspitzen und damit für das Anfahren von Pumpspeicherkraftwerken sehr unterschiedlich sein: Das sind zum einen die durch den Tagesrhythmus vorgegebenen Morgen-, Mittags – und Abendspitzen. Zum anderen kann das Ende eines erfolgreichen Fernsehfilms durch die scharenweise in die Küche und zur Toilette eilenden Menschen den Strombedarf sprunghaft ansteigen lassen. Ursache kann auch die Störung in einem Kraftwerk sein. Immer wichtiger wird übrigens die Rolle der Pumpspeicherkraftwerke durch den Ausbau der regenerativen Energietechniken. Denn immer dann, wenn eine Wolke ein Solarkraftwerk beschattet oder Windräder wegen des plötzlichen Übergangs eines Starksturms in eine Böe ihren Betrieb einstellen, wird so genannte Regelreserve benötigt, um die Netzfrequenz auf der Zielgröße von 50 Hertz oder 60 Hertz zu halten. Eine Aufgabe, die Pumpspeicherkraftwerke schnell und zuverlässig erledigen. Sie sind dazu während eines Tages mehr oder weniger ständig im Einsatz. Mehrere Dutzend Mal wird innerhalb von 24 Stunden zwischen Energieerzeugung und Pumpbetrieb gewechselt.

BAU ERSTER ANLAGEN

Pumpspeicherkraftwerke gibt es seit etwas mehr als 100 Jahren. Das erste wurde in England gebaut. Hier hatte die Lynton and Lynmouth Company 1890 zwei Francis-Turbinen installiert und damit zwei 110-Kilowatt-Generatoren betrieben. Als die Nachfrage nach der überaus praktischen elektrischen Energie stieg und man speziell kurzfristig auftretende Nachfragespitzen nicht mehr abdecken konnte, errichtete man oberhalb des Wasserfalls ein Speicherbecken, das während der Zeiten schwacher Auslastung mit einer elektrisch angetriebenen Pumpe gefüllt wurde. Stieg dann die Stromnachfrage an, trieb man mit dem Speicherwasser eine Pelton-Turbine an. Der Höhenunterschied betrug 244 Meter.

Auf dem Kontinent entstand in Zürich 1891 an der Limmat ein erstes, von Escher Wyss errichtetes Pumpspeicherkraftwerk. Weitere folgten am Lago Maggiore und an der Aare 1899. In Deutschland wurde 1891 auf dem Gelände der Erzgrube Rosenhof im Oberharz das erste Pumpspeicherkraftwerk errichtet: Eine Dampfmaschine trieb eine Kreiselpumpe an, die Pumpwasser aus der Grube in ein höher gelegenes Speicherbecken förderte. Bei Bedarf konnte das Wasser von hier auf ein Wasserrad geleitet werden.

Das erste „große" Pumpspeicherkraftwerk auf deutschem Boden baute 1908 das Heidenheimer Unternehmen Voith. Um bei der Entwicklung von Hochdruckturbinen, Pumpen und Pumpenturbinen Modelluntersuchungen durchführen zu können, wurde in unmittelbarer Nähe zum Werksgelände auf einem Berg oberhalb einer ehemaligen Getreidemühle – der Brunnenmühle – ein 8000 Kubikmeter fassendes Speicherbecken errichtet. Um das Wasser der Brenz in das 100 Meter hoch gelegene Reservoir fördern zu können, hat man damals drei Zentrifugalpumpen für

Der Obersee des Pumpspeicherkraftwerks Wehr: Der Höhenunterschied zwischen dem See und dem Turbinenhaus sowie die zur Verfügung stehende Wassermenge bestimmen das Leistungsvermögen der Anlage.

Fördermengen von 120, 80 und 40 Liter je Sekunde installiert. Den elektrischen Strom für den Pumpbetrieb lieferte eine zweidüsige Freistrahlturbine mit einer Generatorleistung von 200 Kilowatt und eine Niederdruck-Francis-Turbine mit einer Leistung von 30 Kilowatt. Dabei diente die Brunnenmühle nicht ausschließlich Versuchszwecken; zu Hochlastzeiten wurde hier ein Teil des von den unterschiedlichsten Produktionsmaschinen im nahe gelegenen Werk benötigten elektrischen Stroms erzeugt.

Die Technik der Pumpspeicherkraftwerke machte rasche Fortschritte. Im Laufe der Jahre konnten immer größere und damit leistungsstärkere Anlagen gebaut werden. Nachdem es die Bautechnik ermöglichte, mit vertretbarem Aufwand Kavernen in Felsgestein zu errichten, wurden die Turbinen und Pumpen in unterirdischen Felskammern installiert. Für die Wasserführung wurden Druckstollen, meist mit Stahlauskleidung, gebaut. Damit konnten die Triebwasserleitungen deutlich größer gegenüber den früher offen auf den Berghängen verlegten Stahlrohrleitungen gebaut werden.

Noch wichtiger für die steigende Bedeutung von Pumpspeicherkraftwerken war jedoch die Entwicklung der Pumpturbine. Zwar konnte mit immer größeren Maschinen, stärkeren Wanddicken, besseren Wirkungsgraden und größeren Fall- und Förderhöhen die Effizienz der Anlagen weiter gesteigert werden, doch erst mit dem Aufkommen von Pumpturbinen – bei denen das Francislaufrad in der einen Dreh- und Strömungsdrehung als Turbinenrad und in der entgegengesetzten Richtung als Rad einer Pumpe arbeitet – wurden sowohl eine entscheidende technische Hürde genommen und ebenso die Investitionskosten für die Pumpspeicherkraft-

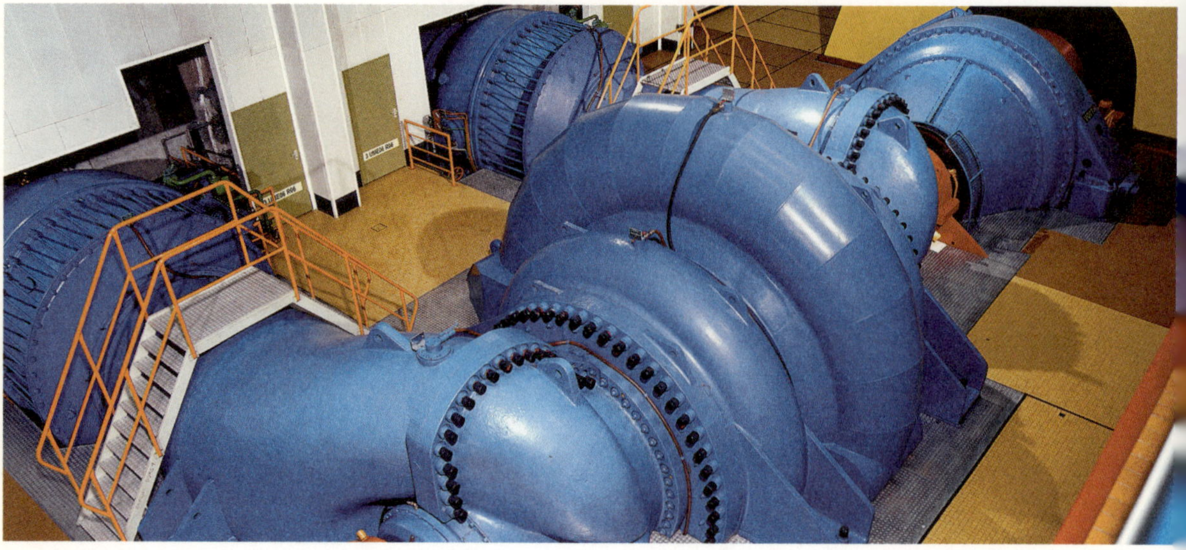

Das Herzstück einer Pumpspeicheranlage sind die Pumpspeichersätze, die heute in beiden Arbeitsrichtungen Wirkungsgrade von über 90 Prozent erreichen.

werke erheblich reduziert, da nur noch eine hydraulische Maschine benötigt wird. Und erst nach umfangreichen hydraulischen Forschungen gelang es, in beiden Arbeitsrichtungen die hohen Wirkungsgrade von über 90 Prozent zu erreichen, die für die heute üblichen *Gesamt*wirkungsgrade bei Pumpspeicherkraftwerken von 75 Prozent notwendig sind.

GOLDISTHAL: HOHER WIRKUNGSGRAD DURCH SYNCHRO-GENERATOREN

Das Leistungsvermögen eines Pumpspeicherkraftwerks wird durch den Höhenunterschied zwischen Speichersee und Turbinenhaus sowie die zur Verfügung stehende Wassermenge bestimmt. Legt man diese Kriterien zu Grunde, so nimmt das im September 2003 in Betrieb genommene, im östlichen Teil des Thüringer Waldes gelegene Pumpspeicherkraftwerk Goldisthal eine Spitzenstellung ein. Mit einem Höhenunterschied von 218 Metern und einem Speichervolumen von 13,5 Millionen Kubikmetern ist es nicht nur das modernste, sondern auch das größte Pumpspeicherkraftwerk Deutschlands. Seine maximale Leistung liegt bei 1060 Megawatt. Damit ist es nur unwesentlich schwächer als die Ende der 80er Jahre in Deutschland ans Netz gegangenen Kernkraftwerke der Konvoiklasse, die – bei störungsfreiem Betrieb – auf 8000 Volllaststunden pro Jahr kommen. Demgegenüber ist die Anlage Goldisthal – prinzipiell gesehen – von geringem „Durchhaltevermögen“. Bereits nach

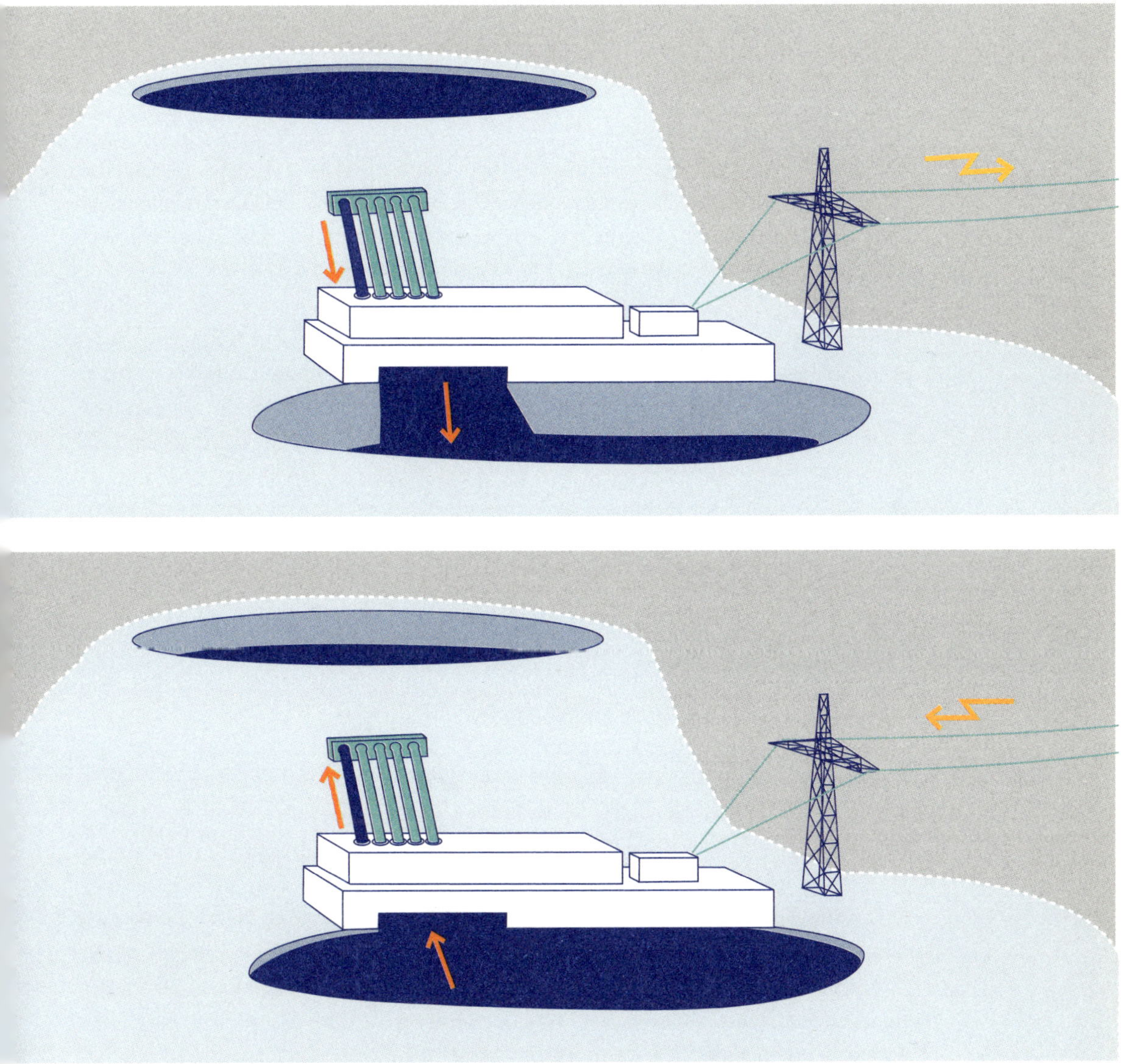

Das Funktionsprinzip eines Pumpspeicherkraftwerks: In der „Leistungsphase" treibt das aus dem oberen Staubecken in die Tiefe rauschende Wasser Turbinen an, die Generatoren zum Drehen bringen und elektrischen Strom erzeugen. Zuvor wurde in der „Aufladephase" mit preiswert zur Verfügung stehendem „Überschussstrom" Wasser aus einem Talspeicher in das obere Staubecken gepumpt.

acht Stunden hat sie ihr Pulver verschossen. Der Obersee ist leer, und die Turbinen stehen still – wozu es aber nie kommen wird. Denn die vier in eine riesige Kaverne eingebauten Turbinen werden nur selten zur selben Zeit ihre volle Leistungsfähigkeit demonstrieren können. Vielmehr wird man durch einen Wechsel zwischen Last- und Pumpbetrieb die Schwankungen im Verbundnetz ausgleichen.

Das Pumpspeicherkraftwerk Goldisthal setzt neue technologische Maßstäbe: Zwei der vier Maschinensätze lassen sich drehzahlgesteuert betreiben. Lediglich in Japan dreht sich eine vergleichbare Maschine. Im Gegensatz zu den bisher eingesetzten Synchro-Generatoren liegt der Wirkungsgrad der regelbaren Maschinen im Teillastbereich rund fünf Prozent höher. Geht die Anlage in den Pumpbetrieb, muss zwar ein geringfügig schlechterer Wirkungsgrad in Kauf genommen werden. Dafür kann die Anlage jedoch genau der im Netz vorhandenen Überschussleistung angepasst werden. Der Gesamtwirkungsgrad verbessert sich. Mit rund 80 Prozent liegt er um rund fünf Prozent über dem herkömmlicher Anlagen.

DIE TECHNIK DES AN- UND ABFAHRENS

Was geschieht, wenn von der zentralen Lastregelung in Goldisthal Leistung angefordert wird? In der Druckrohrleitung steht bis zum rund 370 Meter über der Turbine gelegenen Oberbecken Wasser an, das von einem am unteren Ende der Fallleitung sitzenden gewaltigen Kugelschieber zurückgehalten wird. Erst wenn sich dieser überdimensionale Hahn öffnet, kann das Wasser in Richtung Turbine fließen, wird aber anfangs noch von dem das Laufrad der Turbine umschließenden Leitapparat zurückgehalten. Zehn Servomotoren bewegen die insgesamt 19 Leitschaufeln dieses gigantischen „Durchflussreglers“. Wird er geöffnet, strömt das Wasser durch die Turbine. Anfangs langsam, dann immer schneller beginnt sich das Laufrad – es hat einen Durchmesser von 4,65 Metern – zu drehen und treibt über eine Welle den Generator an.

Diese drei Anlagenkomponenten sind „kraftschlüssig“ miteinander verbunden und wiegen zusammen rund 600 Tonnen – ein Gewicht, das von dem durchströmenden Wasser auf Touren gebracht werden muss. Obwohl die Maschine sich jetzt bereits schnell dreht, ist sie noch nicht am Netz. Erst wenn die Anlage mit genau 333 Umdrehungen in der Minute rotiert (das entspricht bei der vorhandenen Polzahl des Generators der Netzfrequenz von 50 Hertz) und wenn die Phasengleichheit von Generator und Netzspannung erreicht ist, wird die Maschine zugeschaltet: Elek-

Pumpspeicherkraftwerke sind keine Dauerläufer. Sie arbeiten immer nur Minuten, entweder um plötzlich auftretende Lastspitzen abzudecken oder um überschüssigen Strom (in Form des hochgepumpten Wassers) im Oberbecken speichern zu können.

Das Oberbecken eines Pumpspeicherkraftwerks ist eine große Batterie. Hier kann Energie gespeichert werden; Energie, die man zuvor benötigt hat, um Wasser aus dem Tal nach oben pumpen zu können.

trischer Strom fließt ins Netz. Je weiter nun die Leitschaufeln geöffnet werden, desto mehr Wasser fließt durch die Turbine und desto größer ist die Leistung und damit die Stromproduktion.

Meist werden die Maschinen jedoch nicht aus dem Stillstand heraus hochgefahren. Um besonders schnell auf plötzliche Lastspitzen reagieren zu können, hält man die Turbinen als so genannte rotierende Reserve vor. Bei dem am Netz befindlichen Generator (der Generator dreht sich mit 333 Umdrehungen pro Minute) werden der Kugelschieber sowie der Leitapparat geschlossen und die Turbine „leergeblasen": Mit Druckluft presst man das Wasser aus dem Laufradraum der Turbine in Richtung Unterwasserstollen, und das Laufrad rotiert in der Luft. Das Laufrad kann sich nun ohne größere Reibungsverluste drehen – exakt 333 Umdrehungen. Der Generator ist mit dem Netz synchronisiert, arbeitet als Motor und „holt" sich aus dem Stromnetz die Energie, welche klein ist, für den „rotierenden Wartebetrieb". Wird Leistung abverlangt, dauert es nur rund 50 Sekunden, bis die Maschine unter Volllast läuft. So lange dauert es, bis die Luft wieder aus dem Laufradraum ausgeblasen ist.

Aufwendiger als das Hochfahren der Turbinen zur Stromproduktion ist das Anfahren zum Pumpen, der Pumpvorgang, wenn der Generator keinen Strom erzeugen, sondern aufnehmen und als Elektromotor arbeiten soll. Dazu wird wie beim rotierenden Wartebetrieb bei geschlossenem Kugelschieber und geschlossenem Leitapparat der Laufradraum mit Druckluft ausgeblasen. Anschließend wird der Generator durch Umstellen der Phase zum Motor „umfunktioniert" und langsam auf die Nenndrehzahl (333 Umdrehungen in der Minute) hochgefahren: Danach wird die Maschine wieder mit Wasser gefüllt – ein Vorgang, der nicht völlig geräuschlos abläuft. Denn durch das Herauslassen der Luft aus dem Turbinenraum steigt das Wasser im Unterstollen, strömt in den Laufradraum und wird plötzlich vom rotierenden Laufrad erfasst. Innerhalb kurzer Zeit füllt sich der Laufradraum vollständig mit Wasser und schleudert es so lange im Kreis, bis der Wasserdruck im Inneren der Turbine größer ist als der Druck der von der Bergseite „anstehenden" Wassersäule. Erst wenn das geschafft ist, werden der Kugelschieber und der Leitapparat geöffnet, und bei voller Leistung pumpt man dann das Wasser mit 20 km/h den Berg hinauf. Immer zwei Maschineneinheiten „bedienen" einen der beiden Druckstollen, die mit einem Innendurchmesser von 6,2 Metern Platz für ein zweigeschossiges Haus bieten. Die Förderleistung ist beachtlich: In einer Minute drücken die beiden als Pumpen arbeitenden Maschinen 9600 Kubikmeter Wasser den Hang hinauf.

Georg Küffner

GEZEITENKRAFTWERKE

Die Sonne ist ein gigantisches Kraftwerk. Sie strahlt die Erde mit Licht und Wärme an, lässt die Winde wehen und die Pflanzen wachsen, die mittel- oder unmittelbar als Brennstoffe dienen. Versuche, alle diese Formen der Sonnenenergie zu nutzen, gibt es schon zahlreiche. Leider aber sprudeln diese Energiequellen unstet. Das ist bei der Tidenenergie anders. Die auf die Wechselwirkung der Anziehungs- und Rotationskräfte von Mond, Sonne und Erde zurückzuführenden Gezeitenwellen wirken zwar nicht konstant, aber doch beständig. Solange sich die Erde um die Sonne dreht und vom Mond umrundet wird, wird das so sein.

Der bekannteste Versuch, die Tidenenergie zur Stromerzeugung zu nutzen, ist das 1966 in Betrieb gegangene Gezeitenkraftwerk westlich von St. Malo an der Nordküste der Bretagne, wo der Tidenhub etwa zwölf Meter beträgt. Ein 750 Meter langer Damm teilt die Mündung der Rance zwischen St. Malo und Dinard von der Meeresbucht ab, so dass ein 22 Quadratkilometer großes Staubecken entsteht. Beim Wechsel von Ebbe und Flut treibt das Wasser 24 Kaplan-Rohrturbinen an, die je mit einem Generator mit einer Leistung von 10 Megawatt verbunden sind. Das Besondere dieser Turbinen ist, dass sie sowohl als Turbine im Generatorbetrieb (plus Generator) als auch als Pumpe im Motorbetrieb (plus Motor) betrieben werden können. Damit ist es möglich, die Anlage als Pumpspeicherkraftwerk einzusetzen, was vom Betreiber, der ‚Electricité de France' (EDF), auch getan wird. Die Differenz des Strompreises zwischen den Überschuss- und Spitzenzeiten bestimmt dabei den Einsatzplan: Über die gesamte Betriebszeit arbeitete die Anlage bisher zu rund 20 Prozent im Pumpbetrieb. Während ungefähr 60 Prozent der Zeit werden die Turbinen „normal" genutzt, hingegen ist die Betriebsart mit gegenläufiger Strömungsrichtung kaum im Einsatz.

Mit dem Erfolg dieses Gezeitenkraftwerks setzte weltweit der Bau weiterer Anlagen an dafür geeigneten Meeresküsten ein. Dabei hat sich China mittlerweile zum Vorreiter dieser Technik entwickelt. Nachdem man in den 70er Jahren ein halbes Dutzend kleinerer Pilotanlagen in Betrieb genommen hat, testet man seit 1980 im Jiangxia-Gezeitenkraftwerk in der Provinz Zhejigung fünf unterschiedliche Turbinenarten. Alle sind für beide Strömungsrichtungen geeignet; die installierte Leistung liegt bei 3200 Kilowatt. Schätzungen gehen davon aus, dass sich an Chinas Küste etwa 500 Standorte für den Betrieb von Gezeitenkraftwerken – mit einer Gesamtleistung von 110 Gigawatt – eignen.

Das erste Gezeitenkraftwerk auf amerikanischem Boden ging 1984 an der Westküste Kanadas in Betrieb. Am Unterlauf des in die Bay of Fundy fließenden Flusses Annapolis hat man in einen bereits rund 20 Jahre zuvor errichteten Flutdamm eine Straflo-Turbine (mit Kranzgenerator) eingebaut. Bei einem absoluten Gezeitenhub von bis zu 16 Metern und einem nutzbaren Hub von 7,6 Metern leistet die Turbine mit einem Laufraddurchmesser von 7,6 Metern 20 Megawatt. Die bisherigen Betriebserfahrungen mit der nur in einer Richtung durchströmten Turbine sind gut. Zurzeit arbeitet man an Wirtschaftlichkeitsstudien für weitere Anlagen an der Bay of Fundy, der Region mit den größten Gezeitenunterschieden der Welt.

Zwei Gezeitenkraftwerke werden heute kommerziell genutzt. Dies sind die Anlagen in La Rance, Frankreich, 240 MW und Annapolis (Bay of Fundy), Kanada, 20 MW. Insgesamt gibt es derzeit rund zehn Anlagen in Betrieb, jedoch ohne kommerziellen Hintergrund: rund ein halbes Dutzend in China und zwei in Russland, die wichtigsten sind: Jiangxia, China, 10 MW; Ganzhtan, China, 5 MW; Kislaya, Russland, 2,0 MW; Murmansk, Russland, 0,4 MW. Da sie jedoch darauf angewiesen sind, dass Teile des Meeres oder eine Bucht mit einem Damm oder Sperrwerk abgeschlossen werden und damit sowohl ein vergleichsweise großer Finanzbedarf als auch ein nicht unerheblicher Eingriff in die Natur verbunden sind, arbeitet man in jüngster Zeit auch an anderen Systemen zur Nutzung der Tidenenergie: Das sind zum einen Anlagen, die die Meeresströmung nutzen, und zum anderen Kraftwerke, mit denen man die Energie der Wellen zur Stromgewinnung einsetzt. Zu beiden Anlagentypen existieren mehrere Lösungskonzepte, die sich jedoch alle im Versuchs- oder Pilotmaßstab befinden.

Vor allem in Großbritannien sind auf diesem Gebiet recht rege Aktivitäten zu beobachten. So wurden in jüngster Zeit zwei Testanlagen von Strömungskraftwerken installiert. Für den Stingray-Generator wurde als Standort eine Meerenge vor den Shetlandinseln gewählt und die 150 Tonnen schwere Anlage für einen zweiwöchigen Testbetrieb in 36 Meter Tiefe auf dem Meeresboden verankert. Das Strömungskraftwerk besteht aus einem Arm, an dem ein 15 Meter langer, beweglicher Flügel angebracht ist. Wird der Flügel von Wasser umspült, erfährt er je nach Neigungswinkel einen Auf- oder Abtrieb, was den Arm auf und ab pendeln lässt. Über einen hydraulischen Kreislauf wird Öl verdichtet, mit dem ein Generator angetrieben wird. Seine Nennleistung beträgt 150 Kilowatt, im Test wurden 90 Kilowatt erreicht.

Während die Stingray-Anlage Strömungseffekte wie ein Flugzeug nutzt, ähnelt die andere Anlage einem Windkraftwerk – mit dem Unterschied, dass sie nicht an Land, sondern auf dem Meeresgrund steht. Dabei sind die Strömungsgeschwindigkeiten des Wassers nicht mit den Windgeschwindigkeiten an Land zu vergleichen. Doch die größere Dichte des Wassers macht diesen Nachteil mehr als wett. So muss für eine Leistung von einem Megawatt der Rotor eines Windrades einen Durchmes-

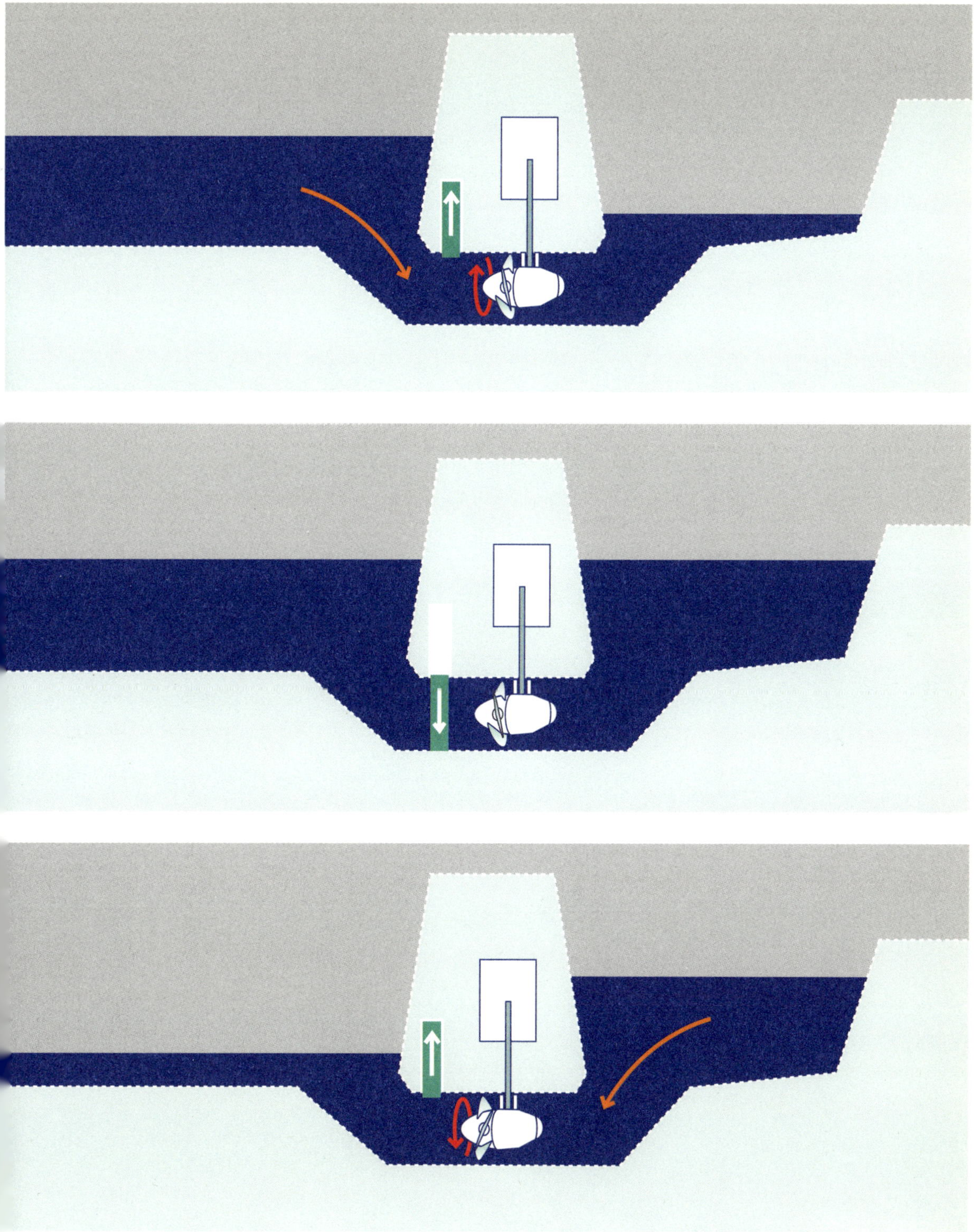

Kommerziell bewährt haben sich bisher nur Gezeitenkraftwerke, bei denen ein Teil des Meeres durch einen Damm abgetrennt wird. Sowohl das bei Flut einströmende Wasser als auch das bei Ebbe abfließende Wasser kann zum Antrieb der Turbinen genutzt werden.

1966 ging westlich von St. Malo an der Nordküste der Bretagne ein Gezeitenkraftwerk in Betrieb. Ein 750 Meter langer Damm teilt die Mündung der Rance von der Meeresbucht ab.

ser von 54 Metern haben, während dafür bei einer Unterwasseranlage bei einer Strömungsgeschwindigkeit von 2,7 Metern pro Sekunde 20 Meter ausreichen. Je größer die Strömungsgeschwindigkeit des Wassers ist, desto kleiner der Durchmesser des Rotors bei gleich bleibender Leistung.

Die nach diesem Prinzip arbeitende Seaflow-Anlage steht im Bristol Channel vor der Küste Cornwalls. Sie ist knapp 50 Meter hoch. Das Rohr ist etwa 15 Meter tief im weichen Meeresboden einbetoniert. Je nach Tidenhub und Seegang ragt die schwarz-rot lackierte Spitze der Anlage fünf bis zehn Meter aus der Wasseroberfläche hervor. Der Rotor misst elf Meter im Durchmesser und dreht sich fünfzehnmal in der Minute. Seine Blätter sind um 180 Grad zu verstellen, um die Strömung sowohl bei Ebbe als auch bei Flut optimal ausnutzen zu können. Zu Reparatur- und Wartungsarbeiten kann der Rotor samt Generator am Turm hydraulisch nach oben gefahren werden, um ihn, zum Beispiel von einem Schiff aus, zu erreichen. Die Seaflow-Anlage ist für eine Leistung von 300 Kilowatt ausgelegt. Bei einer Strömungsgeschwindigkeit von 2,7 Metern pro Sekunde bringt die Anlage eine Leistung von 290 Kilowatt. Der produzierte Strom wird an Bord der Anlage in einem Heizaggregat sogleich wieder vernichtet, weil es zu teuer wäre, für ein Pilotprojekt einen Netzanschluss zur Stromabnahme zu schaffen. Der Anschluss allein würde Investitionen von bis zu 1,5 Millionen Euro erforderlich machen.

Die dritte Kategorie der Gezeitenkraftwerke sind die Wellenkraftwerke: Da die Wellen der Ozeane einen schier unerschöpflichen Energievorrat enthalten, wird seit Jahrzehnten versucht, diese regenerative Energiequelle zu nutzen. Viele der vorgeschlagenen Lösungen haben bisher jedoch nicht den erwarteten Erfolg – und damit diese Technik leicht in Misskredit gebracht. Erst in jüngster Zeit konnten Erfolge gemeldet werden.

Bereits 1986 wurde ein sehr einfach konzipiertes Wellenkraftwerk auf der Insel Toftestallen in der Nähe von Bergen in Norwegen gebaut. Bei dieser den Namen Tapchan tragenden Anlage wurde das Wasser der einlaufenden Wellen über einen aufsteigenden, spitz zulaufenden Kanal (*tapered channel*) in ein rund drei Meter über dem Meeresspiegel liegendes Becken geleitet. Aus diesem Reservoir strömte das Wasser kontinuierlich in das Meer zurück, wobei es eine konventionelle Niederdruck-Kaplan-Turbine antrieb. Die Stromausbeute des Tapchan übertraf die Erwartungen, doch setzten Erdrutsche und vom Meer in die Anlage gespülte Felsbrocken dem Kraftwerk so zu, dass es nach zwölfjährigem Probebetrieb stillgelegt werden musste. Ein Nachfolgeprojekt wurde nie realisiert, wofür man weniger das in dieser Technik schlummernde Potenzial als den Mangel an geeigneten Standorten verantwortlich macht. Lediglich in Japan und Indien wird diese Kombination aus Bau-

Unter dem vierspurig zu befahrenden Damm arbeiten insgesamt 24 Kaplan-Rohrturbinen, die sowohl als Turbinen als auch als Pumpen betrieben werden können. Dadurch ist es möglich, die Anlage auch als Pumpspeicherkraftwerk zu nutzen.

werken zum Küstenschutz mit integrierter Wellenkraftnutzung konsequent weiter verfolgt.

Während beim Tapchan-Projekt die Turbine unmittelbar von fließendem Wasser angetrieben wurde, nutzt ein völlig anderer Typ von Wellenkraftwerken Luft als Antriebsmedium. In sehr kleinem Maßstab und damit mit bescheidenen Leistungen wird diese OWC-Technik (*oscillating water column*) bereits seit Jahren erfolgreich zur Stromversorgung von Leuchtbojen eingesetzt: Ein unterhalb der Boje angebrachtes Rohr ragt so weit in das Wasser hinein, dass durch die Wellenbewegung die Wassersäule in dem Rohr relativ zur Boje oszilliert – und dabei die oberhalb des Wasserspiegels entstehende Luftströmung eine Luftturbine antreibt.

Mit schwimmenden wie auch mit fest gegründeten OWC-Anlagen wird weltweit experimentiert. In Europa hatte man Mitte der 80er Jahre – ebenfalls auf der norwegischen Insel Toftestallen – eine aus Stahl gefertigte 500-Kilowatt-Tapchan-Anlage an die dortige Felsküste gebaut. Weitere Anlagen entstanden in Japan und

Indien. Seit Ende 2000 ist ein OWC-Kraftwerk (Limpet 500) auf der für ihren Whisky bekannten Hebrideninsel Islay vor der schottischen Westküste im Einsatz – und liefert Strom für die Energieversorgung der Insel. Dabei wird die von den Wellen verdichtete Luft auf zwei so genannte – jeweils 250 Kilowatt starke – Wells-Turbinen geleitet, die sich immer in die gleiche Richtung drehen, egal ob die sie antreibende Luft hinein- oder rausströmt. Aufgrund der aerodynamischen Form der Flügel ist eine gleich gute Anströmung von beiden Seiten gewährleistet. Zwar mindert diese Form den Wirkungsgrad, ist aber aufgrund der geringeren Baukosten bei der doch geringen Energieausbeute die eindeutig kosteneffektivere Lösung.

Recht spektakulär, weil an die Kreuzung aus einem Raumschiff und einem riesigen Lenkdrachen erinnernd, ist der erst vor kurzem im dänischen Nissum Bredning in den Testbetrieb gegangene Wave Dragon. Dieses schwimmende, mit 28 Meter langen Armen ausgestattete Wellenkraftwerk gehört zur Kategorie der Overtopping Converter, bei denen die kinetische Energie der Wellen auf ein höher gelegenes Energiepotenzial gebracht wird, Die so gewonnene Fallhöhe wird über die im Zentrum der Anlage sitzende Kaplan-Turbine abgefahren. Die Leistung der Prototypanlage beträgt 20 Kilowatt pro Turbine. Ihr dänischer Erfinder hat das Grundprinzip des Wave Dragon bereits Ende der 80er Jahre entworfen, als er Wellen über einen Atoll im Südpazifik zusammenschlagen und durch Löcher im Gestein in das Meer zurückfließen sah.

Obwohl die Meeresenergie eine überaus ertragreiche regenerative Energiequelle ist, ist ihr momentaner Anteil an der weltweiten Stromerzeugung noch sehr gering. Doch die vorgestellten Technologien werden sich weiterentwickeln und schon bald mit den herkömmlichen Energiequellen konkurrieren können. Die heute noch sehr teuren Anlagen werden aber den Strom von morgen produzieren, da der Weltenergiebedarf täglich weiter ansteigt und sich in den kommenden Jahrzehnten verdoppeln wird. Die fossilen Energieträger Öl, Gas und Kohle sind nur begrenzt verfügbar und werden eines Tages zur Neige gehen.

Georg Küffner

„UNSER KRAFTWERK ARBEITET IM VERBORGENEN“

IM GESPRÄCH MIT JOHANN ZAUNER, GESCHÄFTSFÜHRER DER BETREIBERGESELLSCHAFT DES KLEINWASSERKRAFTWERKS PRESCENY-KLAUSE DER STADTBETRIEBE MARIAZELL

„Bei der Elektrizitätsversorgung sind wir weitgehend autark“, sagt Johann Zauner, Chef der Stadtbetriebe von Mariazell, des weit über die Landesgrenzen Österreichs hinaus bekannten Wallfahrtsortes. „Und darauf sind wir stolz, das auch deshalb, da wir unseren Strom – umweltfreundlich – vor allem aus Wasserkraft gewinnen.“ Die tragende Säule seines „Kraftwerkparks“ sei die Anlage Presceny-Klause. Ein Kleinkraftwerk mit einer Leistung von 1,5 Megawatt im Salzatal, rund 25 Kilometer südwestlich von Mariazell.

Sobald Zauner zu erzählen beginnt, merkt man rasch, dass er nicht der Prototyp eines in seiner Amtsstube sitzenden Verwaltungsmanns ist. Zauner ist es gewohnt, mit anzupacken: „Wir sind alles in allem nur etwas mehr als 40 Mitarbeiter, damit ist unser Laden zu klein, als dass ich allein alle organisatorischen Aufgaben übernehmen könnte.“ Das auch deshalb, da die zu 100 Prozent der Stadt Mariazell gehörenden Stadtbetriebe Mariazell Gesellschaften mbH – wie sein Unternehmen offiziell heißt – sich um eine ganze Reihe unterschiedlichster Aufgaben zu kümmern haben. So ist Zauner für die Strom- und Trinkwasserversorgung, die Abwasserentsorgung, das Hallenbad und das städtische Parkhaus zuständig und organisiert gleichzeitig das Kabelnetz für Fernsehen und Internet sowie einen Fachhandel für Elektrogeräte.

„Speziell unter Motorradfahrern ist das Salzatal äußerst beliebt“, berichtet Zauner. „Sobald im Frühjahr die Temperaturen steigen und die Sonne die letzten Schneefelder von den steil abfallenden Hängen weggetaut hat, schlängeln sich an den Wochenenden Heerscharen von Bikern die kurvenreiche Bundesstraße entlang.“ Und wer diese Panoramastraße entlangfährt, erkennt rasch, dass ihr schönster Abschnitt den Wallfahrtsort Mariazell im Norden mit dem 64 Kilometer entfernt gelegenen Ort Großreifling verbindet – der Stelle, wo die Salza in die zur Donau fließende Enns mündet.

Die Motorradfahrer machen zwar lautstark auf sich aufmerksam, doch rein zahlenmäßig sind sie nur eine Randerscheinung in der bis zu moderaten 1300 Meter aufragenden nordöstlichen Alpenregion. „Im Winter kommen vor allem Skitouristen zu uns und nutzen die Wintersportmöglichkeiten rund um den Hausberg von Mariazell, die Bürgeralpe“, berichtet Zauner. Doch bei der Masse der Besucher handele es sich um Wallfahrer. Denn Mariazell ist vor allem bekannt als berühmtestes Marienheiligtum in Mitteleuropa und als geistiges Zentrum der katholisch geprägten Staaten des Donauraums. Bei einer Einwohnerzahl von knapp 2000 besuchen im Jahr über eine Million Pilger und Feriengäste Mariazell.

„Unser Kraftwerk arbeitet im Verborgenen", schildert Zauner. Nur ein Bruchteil der Besucher, die Jahr für Jahr ins Mariazeller Land strömen, haben je von dem auf halbem Weg zwischen Mariazell und Großreifling gelegenen – und auf den eher ungewöhnlichen Namen Presceny-Klause hörenden – Kleinwasserkraftwerk erfahren. Noch würden sie es zur Kenntnis nehmen, wenn sie mit dem Auto oder Bus auf der nur wenige Meter entfernt vorbeiführenden Straße entlangfahren. Denn vom eigentlichen Kraftwerk ist nichts zu sehen. Es ist komplett in den Fels hineingebaut. Lediglich der Zugang zur Schaltwarte weist auf die Anlage hin.

Doch das ist es nicht, worin sich dieses Kraftwerk von anderen Laufwasserkraftwerken unterscheidet. Das Besondere dieser Anlage ist die geschickte Synthese einer über 160 Jahre alten und seit vielen Jahren unter Denkmalschutz stehenden Stauanlage mit modernen Turbinen und Generatoren. Dabei wurde die Staumauer nicht errichtet, um mit dem aufgestauten Wasser elektrischen Strom zu produzieren. Vielmehr wurde sie gebaut, um mit dem sich hinter der Mauer sammelnden Wasser den Pegel der Salza kurzzeitig anzuheben und so Holz den Fluss hinab und danach über Enns und Donau zum Teil bis nach Ungarn transportieren zu können.

„Damit ist diese Staumauer", erklärt Zauner, „eine klassische Klause." Mit diesem Begriff bezeichne man in Österreich die ausschließlich für das Triften von einzelnen Baumstämmen oder das Flößen von zu größeren „Paketen" zusammengefassten Holzblechen errichteten Sperrwerke. Ohne sie wäre der Transport des geschlagenen Holzes zu den Sägewerken und Zellstofffabriken nicht möglich gewesen. Denn Forststraßen, wie sie heute recht engmaschig die Wälder durchziehen, und die für den Schwerlasttransport notwendigen Fahrzeuge gab es zur Mitte des 19. Jahrhunderts noch nicht.

Damals war Forstarbeit noch Knochenarbeit. Es war nicht nur mühsam und gefährlich, mit Axt und Handsäge die Bäume zu fällen und mit Schälmessern zu entrinden. Eine fast noch größere Herausforderung war der Transport der Stämme. Um sie an die Ufer der Flüsse zu schaffen, nutzte man im Winter große Schlitten, mit denen bei einer Fahrt bis zu zwei Festmeter Holz talwärts befördert wurden. Von den mit dieser Arbeit betrauten Holzknechten verlangte das nicht nur Mut und Geschick, sondern auch viel Kraft beim Lenken der tonnenschweren Last. Auch das bergauf Ziehen der leeren Schlitten war eine überaus anstrengende Arbeit. Nicht minder aufwendig war der Transport der Stämme über Rutschen. Über weite Strecken mussten die schmalen „Gleitbahnen", die so genannten Holzriesen, dem Geländeverlauf angepasst werden. Im Winter besprühte man die Bahn mit Wasser, um die Reibung und damit den Kraftaufwand zu reduzieren.

Hatte man mit diesen Methoden die Stämme schlussendlich bis zum nächstgelegenen Flusslauf transportiert, war ein Großteil der Arbeit geleistet. Doch für das Triften und noch mehr für das Flößen waren ergiebige Wassermengen notwendig. Gab die der Fluss nicht her, wurde eine Klause gebaut, die man bis auf wenige Ausnahmen aus Holzbohlen oder aus mit Steinen gefüllten „Holzkästen" errichtete. Nur an Stellen, wo sowohl die Topographie als auch

Presceny-Klause: Mit dem Begriff Klause bezeichnet man in Österreich die ausschließlich für das Triften von Baumstämmen und Flößen errichteten Sperranlagen.

die Bedeutung der Forstwirtschaft den Bau einer langlebigen Stauanlage nahe legte, wurden die Klausen komplett aus Stein gebaut.

„Die größte noch erhaltene aller je in Österreich gebauten Klausen ist die Presceny-Klause", fasst Zauner die Geschichte der Staumauer zusammen. In einem felsigen, sehr engen Taleinschnitt knapp unterhalb des Orts Weichselboden konnte die aus Steinquadern zusammengesetzte Sperrmauer mit einer Spannweite von 47,5 Metern und einer Höhe von 9,5 Metern knapp 640 000 Kubikmeter Wasser zurückhalten. Es dauerte jeweils 24 Stunden, bis das Wasser der Salza bis knapp unter die Dammkrone

Da die Floße schneller schwammen, als das Wasser im Flussbett vorwärts kam, wurde die Klause längere Zeit, bevor ein Floß ins Wasser geschoben wurde, geöffnet.

der Klause aufgestaut war. Das war dann der Moment, um nacheinander die „Schlagklappen", mit denen die drei Durchlässe der Staumauer verschlossen werden konnten, zu öffnen. Das zurückgehaltene Wasser strömte talwärts und ließ den Wasserspiegel der Salza so weit ansteigen, dass die wenige Meter unterhalb der Klause aus Einzelhölzern zusammengesetzten Floße ins Wasser geschoben werden konnten.

„Das Flößen auf der Salza war nur dank eines ‚intelligenten Wassermanagements' möglich", berichtet Zauner. Da die sechs Meter breiten und bis zu zwölf Meter langen Floße schneller schwammen, als das Wasser im Flussbett vor-

Johann Zauner, der Geschäftsführer der Stadtbetriebe Mariazell, war von Anfang an mit dabei, als vor fast 20 Jahren das „Holzwehr" zu einem Kleinkraftwerk umgebaut wurde.

wärts kam, wurde die Klause, längere Zeit bevor das erste Floß ins Wasser geschoben wurde, geöffnet. Doch da trotz einer Stunde Wartezeit das Floß die Spitze des zu Tal strömenden Wassers erreichte – die Wartezeit aber nicht verlängert werden konnte, da sonst das Wasser zu früh abgelaufen wäre –, hat man unterwegs mehrere Haltepunkte geschaffen. Hier legten die Floße an und ließen das Wasser erneut vorauseilen. Insgesamt gab es drei Anlagestellen, die jeweils rund zehn Kilometer auseinander lagen. An der ersten betrug die Wartezeit eine Stunde, bei den beiden anderen musste man dem Wasser dann nur noch eine halbe Stunde Vorsprung

Eingebettet in die Natur:
Beim Neubau der Presceny-Klause hat man sich streng am Vorgänger orientiert.

geben. Die reine Fahrzeit der Floße von der Presceny-Klause bis Weißenbach an der Enns betrug fünf Stunden.

Die Flößerei auf der Salza war ein wichtiger Wirtschaftsfaktor im Mariazeller Land. Jahr für Jahr wurden bis Mitte der 50er Jahre mit rund 1000 Floßen bis zu 30 000 Festmeter Holz „schwimmend“ abtransportiert. Erst als die Verkehrswege besser ausgebaut und leistungsstarke Transportfahrzeuge zur Verfügung standen, kam das Aus für die Flößerei. Dabei hatte über all die Jahre die Presceny-Klause beste Dienste geleistet. „Doch wie nicht anders zu erwarten“, berichtet Zauner, „hat der Zahn der Zeit – in Form der Zerstörungskraft des Wassers – an dem Bauwerk genagt, so dass die Eigentümerin der Klause, die Stadt Wien, Anfang der 70er Jahre auf die Idee kam, sie zum Teil oder möglicherweise sogar vollständig zu schleifen.“ Dass daraus nichts wurde, sei der Initiative des österreichischen Bundesdenkmalamtes zu verdanken gewesen. Auch die damals befragte Naturschutzbehörde habe sich für den Erhalt der Klause ausgesprochen. Das Bauwerk sei „für die Gestalt der Natur an dieser Stelle maßgebend“ und „in die Natur integriert worden“, hieß es in einem der Gutachten.

„Damals hat man entschieden, dass die Presceny-Klause erhalten werden muss.“ 1975 wurden umfangreiche Arbeiten zur Sanierung

„Das Flößen auf der Salza war nur dank eines ‚intelligenten Wassermanagements' möglich."

und Konservierung dieses „großartigen forsttechnischen Denkmals" von der Stadt Wien vorgenommen. Danach lag das Wehr noch mehrere Jahre brach, bis im Rahmen eines so genannten Bestandsvertrags zwischen dem Eigentümer der Klause (der Stadt Wien) und der Stadtgemeinde Mariazell der Grundstein für den Bau und Betrieb des Kraftwerks ‚Presceny-Klause' gelegt wurde. Der steigende Energiebedarf war die Initialzündung für diese Investition, die sich, wie Zauner sagt, an dieser Stelle „klassisch" anbot und in der gewählten Ausführungsvariante neben der Erhöhung der regionalen Stromerzeugung auch den Weiterbestand der historischen Klause sichert. „Um den Altbestand des Wehrs gegen die Gefahr eines hydraulischen Grundbruchs (Unterströmung) zu sichern, wurde der Klause eine dünne Betonwand oberseitig vorgesetzt, die man als so genannte Schlitzwand weit tiefer als die Sohle der Staumauer bis zum anstehenden Fels in den Untergrund vortrieb", berichtet Zauner von den Bauarbeiten. Zudem habe man zwei pittoreske „Holzhäuschen" auf die Staumauer gesetzt. Sie schützen die für das Öffnen der Wehrschleusen benötigten Spindelantriebe – und gleichen dabei weitgehend ihren „Vorgängern". Bereits die in den 20er Jahren mechanisierte Klause hatte solche Holzaufbauten.

Das Wasser der Salza nimmt nur noch nach stärkeren Niederschlägen und während der Schneeschmelze den Weg über die Staumauer. Die meiste Zeit des Jahres strömt das Wasser nun bereits seit fast 20 Jahren durch zwei jeweils 750 Kilowatt starke, von Voith St. Pölten gefertigte Kaplan-Turbinen und sorgt dafür, dass im Jahr rund acht Millionen Kilowattstunden Strom erzeugt werden, die ins lokale 20-Kilovolt-Netz eingespeist werden. „Dazu leiten wir das Wasser oberhalb des Wehrs durch einen 180 Meter langen Stollen in den – aus dem Fels herausgeschlagenen – Turbinenraum und von hier durch den Auslaufkanal ins Unterwasser." Die Regelung der Anlage arbeite vollautomatisch. Doch könne jederzeit von der in den Büroräumen der Stadtbetriebe stehenden Kontrollwarte eingegriffen werden. Eine Inspektion der Anlage selbst sei nur alle zwei Wochen erforderlich.

Für Zauner ist die Presceny-Klause der Idealtyp eines Wasserkraftwerks: „Wir produzieren einen Großteil des von uns benötigten Stroms selbst und das, ohne die Umwelt mit Schadstoffen wie beispielsweise Kohlendioxyd zu belasten." Den einen oder anderen Standort für weitere Anlagen habe er durchaus im Auge, weiß aber, wie sensibel das Thema Wasserkraft heute ist. Doch zeige gerade das Kraftwerk Presceny-Klause, wie harmonisch sich derartige Anlagen in die Umgebung integrieren lassen.

Aufgezeichnet von Georg Küffner

KLEINWASSERKRAFTWERKE

Kleinwasserkraftwerke erleben weltweit eine Renaissance. Dabei wird der erzeugte elektrische Strom entweder in das öffentliche Verbundnetz eingespeist oder zur Versorgung so genannter Insellösungen genutzt. Wegen der positiven Umweltwirkungen werden „Verbundlösungen" heute in den meisten Industrieländern mit öffentlichen Mitteln bezuschusst, oder den Betreibern der Kleinkraftwerke werden Einspeisetarife garantiert, die über den Stromgestehungskosten von Kohle-, Öl- und Gaskraftwerken liegen. Dagegen dienen „Insellösungen" der Versorgungssicherheit und der Autarkie von Industriebetrieben und Kommunen. Zudem werden sie vor allem in Schwellen- und Entwicklungsländern realisiert, wo es mit Hilfe von Kleinwasserkraftwerken möglich wird, Dieselmotoren zu ersetzen und auf das Abholzen von Wäldern für die Brennstoffversorgung ganz zu verzichten.

Kleinwasserkraftwerke haben eine lange Geschichte: Vor allem in Ländern, die dank ihrer Topographie günstige Voraussetzungen zur Wasserkraftnutzung haben, war der Aufbau von Gewerbe und Industrie von Kleinwasserkraftanlagen geprägt. So haben in der Schweiz – dem Musterland der Wasserkraft – im 19. Jahrhundert über 10 000 Kleinanlagen die Energie für Sägewerke, Maschinenfabriken und Webereien geliefert. 1914 wurden noch rund 7000 Kleinwasserkraftwerke mit einer Leistung von bis zu zehn Megawatt im Schweizer Wasserrechtsregister ausgewiesen. Davon waren über 90 Prozent Anlagen kleinster Leistung bis zu 300 Kilowatt. Mit dem Aufbau eines flächendeckenden Stromnetzes und dem Angebot billiger Energie aus Großkraftwerken erlitt die Kleinwasserkraft Mitte des 20. Jahrhunderts dann jedoch einen Rückschlag. So waren 1985 nur noch rund 1000 stromproduzierende Wasserkraftwerke mit einer Leistung von bis zu zehn Megawatt am Netz, davon etwa 700 Anlagen mit einer Leistung bis zu 300 Kilowatt. Zusätzlich gab es damals noch rund 400 Anlagen mit rein mechanischer Kraftverwendung.

Erst mit dem Aufkommen eines verstärkten Umweltbewusstseins – unter anderem ausgelöst durch den Reaktorunfall in Tschernobyl – kam es auch in der Schweiz zu einer Neubewertung der erneuerbaren Energiequellen. In die Schweizer Bundesverfassung wurde 1990 ein „Energieartikel" aufgenommen. Gleichzeitig hat man das Aktionsprogramm „Energie 2000" gestartet. Ziel war, eine marktorientierte Plattform von Staat, Wirtschaft und privaten Institutionen zum Ausbau der regenerativen Energien zu schaffen und durch eine gezielte Förderung zu unterstützen. Der Erfolg dieser Maßnahmen ließ nicht lange auf sich warten: Es wurde wieder mehr elektrischer Strom speziell auch in Kleinwasserkraftwerken gewonnen. Heute gehen jährlich mehr als ein Dutzend Kleinwasserkraftwerke in der Schweiz neu oder nach einer langjährigen Stilllegungsphase wieder ans Netz – und bringen einen Jahreszuwachs an Energie von einigen Millionen Kilowattstunden.

Nach einer längeren Pause dreht sich am Brenztopf in Königsbronn wieder eine Turbine. 1890 wurde hier eine der ersten von Voith konstruierten und gefertigten Francis-Turbinen in Betrieb genommen.

Ebenfalls nach einer längeren Pause ging im Herbst 2000 in Königsbronn und damit nur wenige Kilometer vom Voith-Stammsitz in Heidenheim entfernt ein Kleinwasserkraftwerk ans Netz. Dabei handelt es sich um keine x-beliebige Kleinanlage, sondern um ein Kraftwerk, das die in Königsbronn entspringende und für die wirtschaftliche Entwicklung Heidenheims wesentlich verantwortliche Brenz nur wenige Meter nach ihrer Quelle nutzt – und die über Jahre als Versuchsanlage für Voith-Turbinen diente.

An dem Ort, wo über viele Jahrzehnte mit bis zu acht Wasserrädern eine Schmiede und ein Eisenwerk betrieben wurden, hat man 1890 eine der ersten von Voith konstruierten und gefertigten Francis-Turbinen in Betrieb genommen. Wie aus dem noch erhaltenen Bestellzettel hervorgeht, trug die Turbine die Nummer 108 und war für ein maximales Schluckvermögen von 1200 Litern je Sekunde ausgelegt, was bei einer Fallhöhe von 3,7 Metern eine Höchstleistung von etwa 40 PS (30 kW) ermöglichte. Im Zuge der damaligen Baumaßnahmen hatte man die „Staumauer" am Brenzursprung erhöht; es entstand die noch heute bestehende Fassung des so genannten Brenztopfes.

Da Francis-Schachtturbinen ein schlechteres Teillastverhalten als Kaplan-Turbinen haben und zudem die Königsbronner Anlage Mitte der 20er Jahre veraltet

Die Niederdruckanlage „Zollhaus-Wehr“ nutzt die Wasserkraft der Saalach, eines kleinen Grenzflusses zwischen Österreich und Deutschland.

war, entschied man sich, sie durch eine deutlich leistungsfähigere Kaplan-Turbine zu ersetzen. Wieder wurde der Auftrag an Voith vergeben. Geliefert wurde dann eine doppelt regulierbare Kaplan-Turbine; das heißt, sowohl die 14 Schaufeln des Leitapparats als auch die vier Laufradschaufeln konnten dem Wasserdurchfluss angepasst werden. Die Turbine hatte einen Laufraddurchmesser von 895 Millimetern und war auf ein maximales Schluckvermögen von 2950 Litern in der Sekunde ausgelegt, was bei der Fallhöhe des Brenztopfs eine Leistung von 118 PS (86 kW) bedeutet. Das war rund das Dreifache der Vorgängermaschine. Doch man hatte sich überschätzt.

Da die mittlere Schüttung der Brenzquelle bei etwa 1200 Litern je Sekunde liegt, arbeitete die Maschine sehr häufig in einem Bereich mit sehr schlechtem Wirkungsgrad. Schlimmer noch, an vielen Tagen konnte sie wegen Wassermangels überhaupt nicht betrieben werden. Ende der 50er Jahre, als sich die Stillstandszeiten mehrten und die Anlage reparaturanfällig wurde, kam dann das Aus. Sie wurde stillgelegt.

Doch man verlor sie nie ganz aus dem Auge. Den Mitgliedern des Königsbronner Gemeinderats „war es schon recht arg“, dass das Wasser der Brenz, „ohne

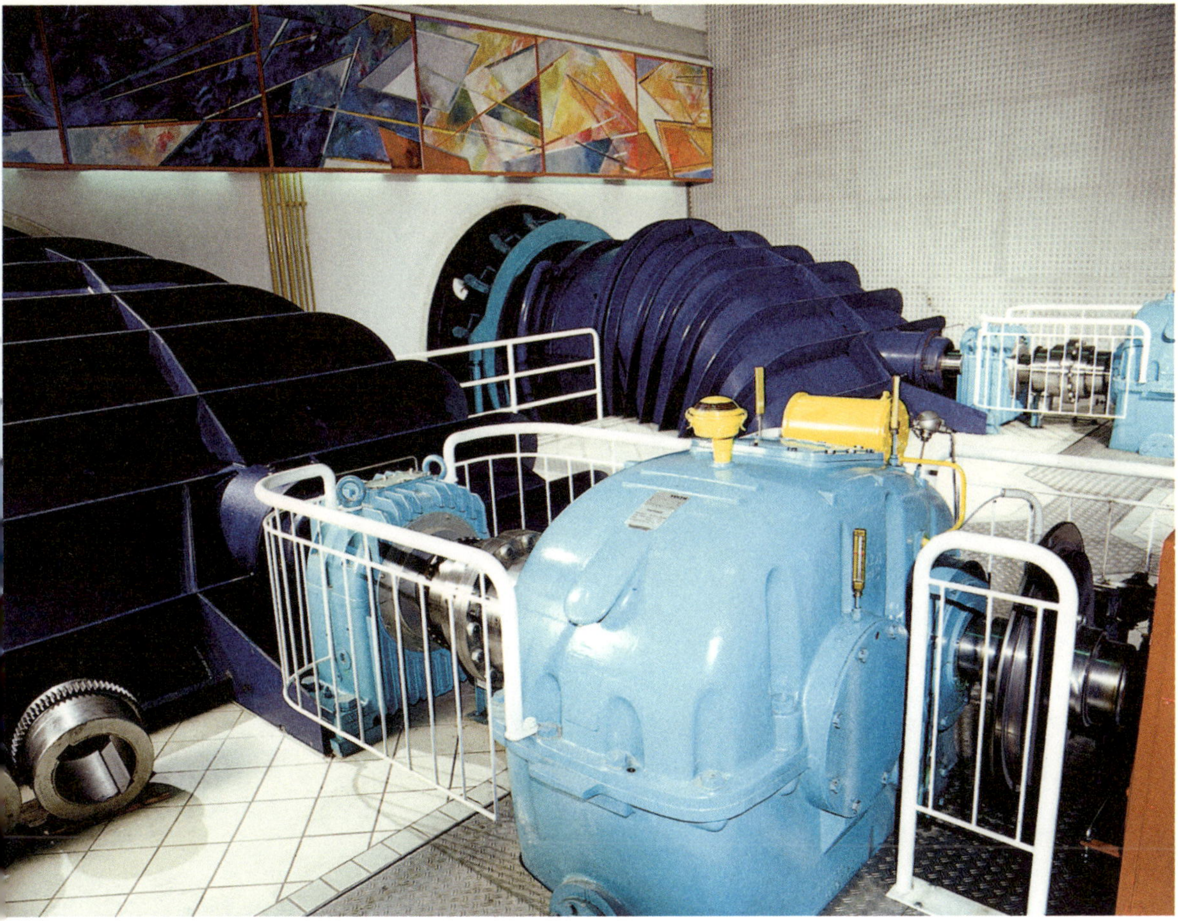

Sowohl die Generatoren als auch die Getriebe sind schallisolierend gelagert, so dass eine Wohnbebauung in unmittelbarer Nähe zum Kraftwerk möglich ist.

geschafft zu haben", Jahr für Jahr am noch existierenden Turbinenhaus vorbeifloss. Mitte der 90er Jahre tastete man sich daher wieder schrittweise an die alte Anlage heran. Sie wurde demontiert, und man stellte fest, dass sowohl Laufrad als auch Leitapparat noch in recht gutem Zustand waren. Damit rückte die Wiederinbetriebnahme näher: Bei Voith wurden die alten Laufradschaufeln hydraulisch angepasst und so die Turbine auf ein maximales Schluckvermögen auf 2100 Liter je Sekunde reduziert. Der Leitapparat von 1927 konnte wieder verwendet werden. Anstelle des Drehzahlerhöhungsgetriebes wurde ein direktgekuppelter Generator installiert. Die Maschinenleittechnik wurde komplett erneuert, ein mechanischer und elektronischer Regler implementiert. Darüber hinaus wurden die kompletten elektrotechnischen Einrichtungen erneuert.

Die rehabilitierte Turbine erreicht bei einer Wassermenge von 1500 Litern je Sekunde ihren maximalen Wirkungsgrad und erbringt eine Leistung von 47 kW. Im Herbst 2000 konnte man das erneute „Anlaufen" der Kleinwasserkraftanlage in Königsbronn feiern. Die „Stromernte" in den ersten drei Betriebsjahren lag im Schnitt

Das Kraftwerk Kartell in der Nähe des österreichischen Wintersportorts St. Anton ist ein typischer Vertreter einer Hochdruckanlage. Die Fallhöhe beträgt 535 Meter.

bei 246 000 Kilowattstunden. Eine Menge, die ausreicht, um 100 Haushalte ein Jahr mit der benötigten Elektrizität zu versorgen.

Wegen der geringen Fallhöhe ist das Brenztopf-Kraftwerk ein typischer Vertreter so genannter Niederdruckanlagen. Zur gleichen Kategorie gehört das 1988 in Betrieb gegangene Kraftwerk „Zollhaus-Wehr", das vom Wasser der Saalach, eines kleinen Grenzflusses zwischen Österreich und Deutschland, gespeist wird. Dabei musste man beim Bau dieses Kraftwerks nicht bei null anfangen, denn man konnte ein bereits 1924/25 errichtetes „Kulturwehr" nutzen. Aufgabe dieses Stauwehrs war es, den Wasserfluss der Saalach zu vergleichmäßigen und dadurch andere – flussaufwärtsliegende – Wehranlagen zu schützen sowie die fortschreitende Eintiefung der Saalach zu verhindern.

Im Zuge der Baumaßnahmen wurde die 50 Meter lange Wehrmauer saniert und das Flussbett unterhalb mit 6000 Tonnen Steinblöcken und 4000 Tonnen Beton verfestigt, so dass es vom schnell dahinfließenden Wasser nicht ausgespült werden kann. Das Kraftwerk selbst entstand als so genanntes Buchtenkraftwerk rund 20 Meter unterhalb der Wehranlage. Ein überdachter Kanal leitet das Wasser auf zwei doppelt regulierte Kaplan-S-Turbinen mit einem Durchmesser von 2190 Millimetern, die bei einer Wassermenge von 26,5 Kubikmetern je Sekunde eine Leistung von 1190 Kilowatt abgeben. Die Fallhöhe beträgt – je nach Wasserstand der Saalach – zwischen fünf und sechs Meter.

Zu den technischen Besonderheiten der Anlage gehört, dass sowohl die Generatoren als auch die Getriebe schallisolierend gelagert sind. Zusammen mit anderen Schallschutzmaßnahmen ist dadurch eine Wohnbebauung in unmittelbarer Nähe zum Kraftwerk möglich. Ein auf das bestehende Wehr montiertes „Schlauchwehr“ ermöglicht, den Oberwasserspiegel – und damit das Nutzgefälle der Turbine – um bis zu 67 Zentimeter zu erhöhen. Und auch die Ökologie kommt nicht zu kurz: Im Bedarfsfall kann über die Turbinen zusätzlich Sauerstoff für Fische und Kleinlebewesen ins Flusswasser eingebracht werden.

Eine völlig andere Charakteristik hat das sich gerade im Bau befindende Kleinwasserkraftwerk Kartell in der Nähe des österreichischen Wintersportorts St. Anton. Dieser Hochdruckanlage steht mit einer „Schüttmenge“ von 1,8 Kubikmetern je Sekunde deutlich weniger Wasser zur Verfügung. Doch dank der deutlich höheren Fallhöhe von 535 Metern erzielen die beiden Pelton-Turbinen eine Leistung von – beachtlichen – acht Megawatt.

Um über das ganze Jahr in etwa die gleiche Wassermenge auf die Turbinen leiten zu können, wurde für das Kraftwerk Kartell auf einer Höhe von rund 2000 Metern in einer großen, flachen Talausweitung ein Schüttdamm errichtet, der 8,1 Millionen Kubikmeter Wasser in einem 32 Hektar großen Speichersee zurückhalten kann. Von hier aus gelangt das Wasser durch einen nur leicht geneigten, knapp vier Kilometer langen Rohrstollen (Durchmesser 3,2 Meter) zum oberen Ende eines 0,9 Meter starken Druckrohrs, durch das es zum über 500 Meter tiefer gelegenen Krafthaus – und damit auf zwei Pelton-Turbinen – strömt. Die Turbinen werden über jeweils zwei Düsen mit dem Wasser „beaufschlagt“ – und können durch Zu- und Abschalten der Düsen geregelt werden. Der Durchmesser der Turbinen beträgt 960 Millimeter. Der erzeugte Strom wird in das 25-kV-Netz der Gemeinde St. Anton eingespeist. Im Fall einer Störung kann das Kraftwerk Kartell das gesamte regionale Versorgungsgebiet dank seiner „Inselfähigkeit“ autark betreiben.

Georg Küffner

LAUFWASSERKRAFTWERKE

Lauffen am Neckar hat Technikgeschichte geschrieben. Am 25. August 1891, mittags um 12 Uhr, begannen in Frankfurt am Main 1000 Lampen zu leuchten, die man auf dem Gelände der „Internationalen Elektrotechnischen Ausstellung" installiert hatte. Doch das Besondere an dieser mittäglichen Illumination war nicht die Beleuchtung mittels Elektrizität und auch nicht die Anzahl der Leuchtkörper. Das Spektakuläre war die Herkunft der verwendeten elektrischen Energie. Deren Quelle war nämlich der Neckar. Erzeugt wurde der Strom von einer Turbine und einem Drehstromgenerator im Flusskraftwerk der 175 Kilometer entfernten Portland-Zementwerke in Lauffen am Neckar. Über eine dreifache Kupferleitung wurde der auf 15 000 Volt hochgespannte Neckar-Strom nach Frankfurt transportiert und dort auf der Elektrotechnikschau sichtbar gemacht.

Das Zementwerk in Lauffen gibt es noch heute. Auch das Turbinenhaus von damals kann noch besichtigt werden. Nur Strom wird hier schon lange nicht mehr produziert. Dennoch ist Lauffen noch immer eine wichtige Adresse für die Wasserkraft. Wenige Flusskilometer oberhalb der heute auf den Namen Märker Zement GmbH hörenden Zementfabrik drehen sich seit 1942 an der Staustufe Lauffen zwei Voith-Kaplan-Turbinen mit senkrecht stehender Welle, die mit 10-KV-Synchron-Generatoren verbunden sind. Einschließlich des Kraftwerks Lauffen gehören dem Betreiber, der Neckar AG, 24 Flusswasserkraftwerke. Ihre Stromausbeute liegt im Durchschnitt bei rund 550 Millionen Kilowattstunden im Jahr, was ausreicht, um 140 000 Drei-Personen-Haushalte in Deutschland mit Elektrizität zu versorgen.

Trotz dieser recht beachtlichen Strommenge ist die Elektrizitätserzeugung am Neckar nur ein Nebenprodukt. Hauptzweck der 27 Staustufen, mit denen man den Neckar seit Beginn der 20er Jahre auf einer Länge von rund 200 Kilometern gezähmt hat, ist ganz klar der Gütertransport und damit die Frachtschifffahrt – vom Rhein kommend – hinauf zu den Industriestädten Heilbronn und Stuttgart. Dass dem so ist, zeigt deutlich die Gewinnverwendung aus dem Verkauf des „Wasserstroms": Im Zuge eines bereits 1922 geschlossenen Kostenerstattungsvertrags werden die Erlöse zur Refinanzierung der Aufwendungen für die Neckarkanalisierung eingesetzt. Auch die Erhaltungs-, Wartungs- und Modernisierungsmaßnahmen an den Kraftwerken werden damit bezahlt. Zudem ist die Neckar AG für das stets notwendige Ausbaggern der Fahrrinne verantwortlich – und übernimmt die dabei anfallenden Kosten.

An jeder Staustufe muss – bis auf den Zentimeter genau – ein vorgegebenes Stauziel eingehalten werden. Beim Kraftwerk Lauffen liegt es bei 169,6 Meter über NN. Nur mit einem ausgeklügelten „Wassermanagement-System" können diese Vorgaben eingehalten werden. Das ist im Kraftwerk Lauffen so perfektioniert wie an keiner anderen Staustufe entlang dem Neckar. Denn der Wasserabfluss in Lauffen

Bewährte Technik: Die beiden BBC-10-kV Synchro-Generatoren aus dem Jahr 1942 erfüllen im Laufwasserkraftwerk Lauffen zuverlässig ihre Aufgabe.

ist „Genehmigungswert“ für das flussabwärts liegende Kernkraftwerk Neckarwestheim. Gleich mit mehreren unterschiedlichen Methoden wird daher in Lauffen der Wasserdurchsatz gemessen: So kann man ihn über die Stellung der Turbinenschaufeln auf den Wasserdurchsatz hochrechnen. Weiter wird die Geschwindigkeit des zur Turbine strömenden Wassers erfasst. Indikatoren für die durch die Turbine und über das Wehr strömende Wassermenge sind auch die von den Turbinen abgegebenen Leistungen, die Position des Stauwehrs und die Anzahl der Schleusenvorgänge.

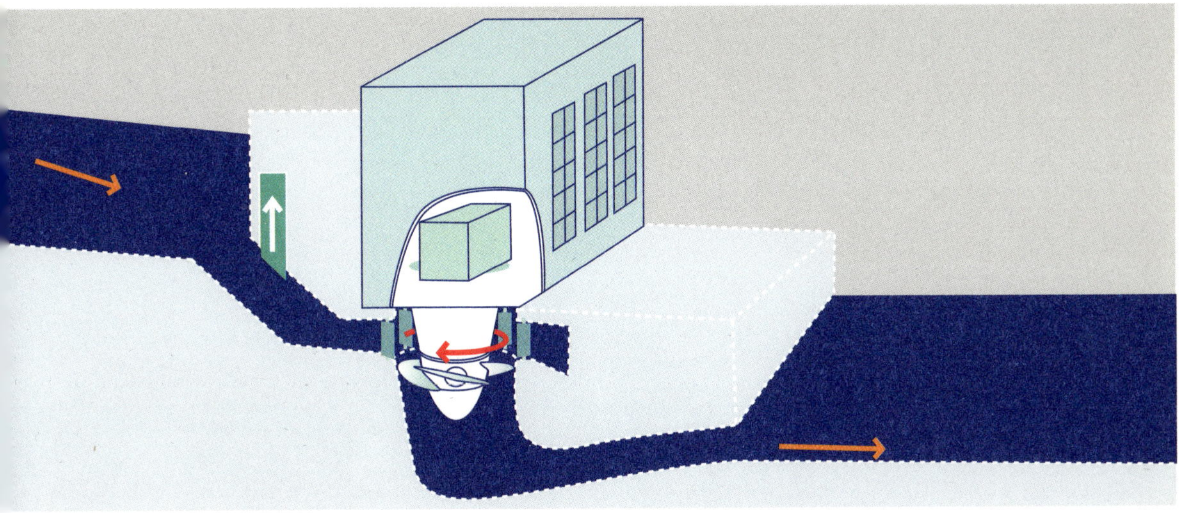

Geringe Fallhöhen und vergleichsweise große Wassermengen prädestinieren für den Einsatz von Kaplan-Turbinen. Durch Regeln des Wasserzuflusses und Verstellen der Turbinenschaufeln kann die Leistung der Anlage geregelt werden.

Alle diese Daten werden minutiös erfasst und dokumentiert. „Um stets etwas Reserve zu haben", erklärt der für das Kraftwerk Lauffen zuständige Mitarbeiter der Neckar AG, Dieter Breymaier, „fahren wir die Staustufe nicht Strich. Unsere Zielmarke liegt vielmehr zehn Zentimeter über der vom Wasser- und Schifffahrtsamt vorgegebenen Sollgröße." Wichtig sei es vor allem, durch das richtige Staumaß für ausreichend Wasser unter dem Kiel der Neckarschiffe zu sorgen. Genauso entscheidend sei jedoch, dass das Wasser nicht zu hoch steht und Schiffe mit ihren Aufbauten gegen Brücken stoßen.

Die Nennleistung der beiden Kaplan-Turbinen im Kraftwerk Lauffen beträgt 4,95 Megawatt. Dabei wird aufgrund des schwankenden Wasserdargebots des Neckars – im Durchschnitt über mehrere Jahre – lediglich an 90 Tagen eines Jahres diese maximale Leistung erreicht. Die meiste Zeit (230 Tage) steht zu wenig Wasser zur Verfügung, so dass mitunter auch eine der beiden Turbinen stillgesetzt wird, um nicht in schlechte Wirkungsgradbereiche zu kommen. Doch auch ein Zuviel an Wasser mindert die Ausbeute. So können zwar bei Hochwasser die Leitapparate der Turbinen vollständig geöffnet werden, doch reduziert dann der unterhalb des Wehrs anstehende Wasserpegel die Fallhöhe und somit die Leistung. Von der regulären Fallhöhe von 7,84 Metern hat das Hochwasser einen Teil „aufgezehrt".

„Mit einem Laufwasserkraftwerk arbeiten wir nicht wie Braunkohle- oder Kernkraftwerke in der Grundlast", erklärt Breymaier. „Wir sind von den verfügbaren Wassermengen abhängig." Doch mit einer Ausbeute von rund 32 Millionen Kilowattstunden erreiche man im Kraftwerk Lauffen im langjährigen Durchschnitt ein

Lediglich an rund 90 Tagen kann das Laufwasserkraftwerk Lauffen am Neckar seine volle Leistung von 4,95 Megawatt abgeben. Entweder führt der Fluss zu wenig oder zu viel Wasser.

durchaus vorzeigbares Ergebnis. Das allein auch deshalb, da durch die garantierte Einspeisevergütung (auf der Grundlage des Erneuerbare-Energien-Gesetzes – EEG) von 6,67 €-Cent je Kilowattstunde man deutlich über den Stromgestehungskosten liege. Dieser Vergütungssatz würde reduziert, wenn man – was technisch möglich ist und auch bereits angedacht war – durch den Einbau neuer Turbinen die Leistung des Kraftwerks über die 5-Megawatt-Marke hinaus erhöhen würde. Allein aus betriebswirtschaftlichen Überlegungen wird es dazu demnach mit großer Wahrscheinlichkeit nicht kommen.

Während heute der im Kraftwerk Lauffen erzeugte Strom über ein unterirdisch verlegtes 10-kV-Kabel in das Verbundnetz gespeist wird, hatte man bei der Stromübertragung vor über 100 Jahren von Lauffen nach Frankfurt für diese Demonstration eigens „angemieteten" Kupferdraht verwendet. Die Freileitung mit vier

Trotz ihres Alters arbeitet die Anlage Lauffen rentabel. Zum einen ist das Kraftwerk längst abgeschrieben. Zum anderen wird für den produzierten „Wasserstrom“ eine attraktive Vergütung garantiert.

Millimeter starken Drähten verlief trotz des Einspruchs ängstlicher Behörden entlang der Bahnstrecke nach Frankfurt. Jeder der 3000 Masten, zehn Meter hoch und mit drei Ölisolatoren bestückt, war durch ein warnendes Totenkopf-Schild markiert. Doch die Chronisten meldeten keinen schweren Unfall.

Mit dem Beweis der Machbarkeit einer rentablen und sicheren Übertragung von Elektrizität auch über große Entfernungen hinweg hatte das Experiment der „Lauffener Kraftübertragung“ geradezu epochale Perspektiven mit umwälzenden wirtschaftlichen, politischen, sozialen und kulturellen Auswirkungen eröffnet. Damit war die damals anstehende Grundsatzfrage, Gleichstrom oder Wechselstrom, entschieden – der ein heftiger Streit unter den Fachleuten vorausgegangen war.

Die ersten Versuche mit der Fernübertragung von Elektrizität nahm man mit Gleichstrom vor. Da er sich jedoch nicht transformieren lässt, stand nur eine niedrige

Nachts wird das Maschinenhaus des Laufwasserkraftwerks Lauffen illuminiert. Damit ist die Anlage eine unübersehbare Landmarke im romantischen Neckartal.

Spannung zur Verfügung, aber eine hohe Stromstärke. Die Übertragung solcher Gleichströme ist nur mit Kabeln mit großen Querschnitten möglich, wie wir sie heute von den Anschlussklemmen unserer Autobatterien her kennen. Ein Beispiel für die Nachteile dieser Technik war der Gleichstromtransport im Jahr 1882 von Miesbach nach München auf einer Strecke von 57 Kilometern. Vor allem wegen der Kabel, die sich stark erwärmten, gingen 78 Prozent der Wirkung verloren – der Wirkungsgrad lag damit bei schlechten 22 Prozent.

Völlig anders war die Effizienz der Drehstromübertragung von Lauffen nach Frankfurt. Als der sensationelle Nachweis erbracht war, dass 77,4 Prozent der in Lauffen erzeugten Energie tatsächlich Frankfurt auch erreichten, war die Entscheidung für die Elektrifizierung der Städte nicht mehr schwierig. Der Drehstrom trat seinen Siegeszug an. Dabei blieb es bis heute. Man änderte inzwischen lediglich die Frequenz, die damals 40 Hertz betrug, auf heute 50 Hertz.

Georg Küffner

Die Kraftquelle der ersten Stromübertragung

Für die Stromübertragung von Lauffen nach Frankfurt stand im „Krafthaus" der Portland-Zementfabrik eine zweikränzige Kombinationsturbine zur Verfügung. Sie war für einen Wasserdurchfluss von acht Kubikmetern in der Sekunde ausgelegt; ihre Nennleistung betrug 225 kW (304 PS). Der äußere Schaufelkranz war als Reaktionsturbine, der innere dagegen als Aktionsturbine konstruiert. Das nutzbare Gefälle betrug 3,8 Meter. Um bei einer starken Entlastung – etwa durch eine Störung in der Leitung nach Frankfurt – ein unkontrolliertes Anwachsen der Drehzahl zu verhindern, wurde nachträglich ein Regulator der Maschinenfabrik J. M. Voith eingebaut und der Außenkranz der Turbine mittels eines entlasteten Ringschützen verschließbar gemacht. Die Antriebsenergie wurde von der Turbine über ein Winkelräderpaar direkt auf die Dynamomaschine übertragen. Bei 35 Umdrehungen in der Minute der Turbine erreichte die Dynamomaschine eine Drehzahl von 155 Umdrehungen in der Minute.

DER MANN, DER BERGE VERSETZT

IM GESPRÄCH MIT DEM INDISCHEN DAMMBAUER JAIPRAKASH GAUR

Sein Büro ist hell und aufgeräumt, im Blumenkübel vor seinem Fenster grünt und blüht es. Darauf legt Jaiprakash Gaur Wert. An der Wand links von seinem Schreibtisch aus heller Himalaya-Zeder hängt ein Porträt des indischen Nationalhelden Mahatma Gandhi. Gaur ist groß geworden, als Gandhi und seine Mitstreiter gewaltlos für die Freiheit kämpften und das Land 1947 in die Unabhängigkeit führten.

Der Geist dieser Zeit, der Glaube an die Machbarkeit des Schicksals und der Welt, hat ihn wie viele seiner Generation geprägt. „In Indien ist alles möglich", sagt er. Gaurs Leben scheint selbst ein Beleg dafür. Fast aus dem Nichts hat der Diplomingenieur 1957 eine Firma gegründet – mit 19 Partnern und 10 000 Rupien Startkapital. Das entspricht jetzt nicht einmal 180 Euro und war auch damals kein Vermögen.

Heute ist er mit seiner Jaypee Gruppe der führende Dammbauer auf dem Subkontinent. Er baut auch Straßen, Hotels und neuerdings Golfplätze – aber Gaurs Leidenschaft bleiben die Dämme, diese Wunderwerke der Technik in den Flüssen, die ihn und die Firma groß gemacht haben. „Wasser hat mich schon immer angezogen. Als ich ein kleiner Junge war, habe ich in der Nähe des Ganges gelebt", sagt er. Indiens heiliger Fluss wird bis heute als „Mutter Ganga" verehrt.

Mit ein paar Federstrichen kann Gaur in drei Minuten erklären, wie man einen Damm baut. Das hat er bei seinen fünf Kindern und neun Enkelkindern trainiert. Aber was auf dem Papier so kinderleicht aussieht, braucht in der Realität starke Nerven und viele, viele Jahre Zeit. Dämme gibt es nicht von der Stange, sie erfordern Maßarbeit, sind sozusagen bautechnische Haute Couture. „Jeder Damm ist anders", sagt er, und dabei leuchtet sein Gesicht.

Obwohl seine drei Söhne längst im Familienkonzern mitarbeiten, ist der heute 74-Jährige mit den silberweißen Haaren noch jeden Tag sieben bis acht Stunden in seinem Büro in der Hauptstadt Neu-Delhi. Dort hat die Firma ihren Sitz. Wöchentlich lässt er sich über den Stand der Arbeiten auf allen Baustellen im Land informieren – per Videokonferenz oder über Fotos, die per Internet gesendet werden. Und zwei, drei Mal im Monat reist er selbst übers Land, um nach dem Rechten zu sehen. Auch in Baglihar war er schon zig Male. „Ich kenne jeden Zentimeter des Projekts", sagt er.

Baglihar ist nicht der größte, nicht der teuerste und nicht der schwierigste Damm, den Gaur und seine Firma je gebaut haben. Aber schon hier staunt man über die Dimension des Projekts. Bereits der Weg ist eine Herausforderung, ein Abenteuer für sich. Eingebettet in eine atemberaubende Bergkulisse, liegt Baglihar

im Nordwesten Indiens, im Himalaya-Staat Jammu und Kaschmir, auf halbem Weg zwischen dessen Winterhauptstadt Jammu und der Sommerhauptstadt Srinagar.

Von Jammu windet sich der zweispurige National Highway 1A durch bewaldete Berge, entlang tiefer Schluchten und steiler Felswände. Nur ein paar Betonquader – und oft nicht mal diese – trennen den Geländewagen vom Fall in die Tiefe. Die Fahrt ist nicht ohne Nervenkitzel – Inder überholen gerne auch in nicht einsehbaren Kurven, der Gegenverkehr wird nur durch ein Hupen gewarnt. Ab und an blockiert eine Kuh die Straße, am Straßenrand spielen Affen. Und überall sieht man Soldaten, die den Highway, die Lebensader zwischen Jammu und dem politisch sensiblen Kaschmir, sichern.

Vier bis fünf Stunden braucht man mit dem Auto für die 150 Kilometer von Jammu nach Baglihar – wenn es schnell geht. Die Schwertransporter jedoch, die das Material für den Damm herankarren, quälen sich oft zwei Tage durch die kurvige, enge Straße. Dass die Strecke nicht ohne Risiko ist, zeigen Autowracks, die am Wegesrand liegen. „Plaudern Sie nicht – lassen Sie ihn fahren", warnen Schilder Beifahrer.

mir hat den Damm in Auftrag gegeben. In der ersten Stufe soll er mit seinem Kraftwerk zunächst 450 Megawatt Strom liefern, am Ende sollen es 900 Megawatt sein. Das reicht aus, um zwei deutsche Städte mit bis zu 100 000 Einwohnern zu erleuchten. Oder ein Kernkraftwerk zu ersetzen. Oder zwei Kohlekraftwerke.

Der Dammbau selbst erscheint dabei fast als die leichteste Übung. Was das Projekt so aufwendig macht, ist das gewaltige Drumherum, die immense Infrastruktur, die benötigt wird. Ganze Fabriken, Strom- und Wasserwerke, ja eine richtige kleine Stadt wurden in Baglihar aus dem Boden gestampft. Fast zwei Jahre hat es alleine gedauert, 30 Kilometer Straße und acht Brücken zu bauen, um die Schlucht zugänglich zu machen. Das Himalaya-Gebirge ist noch vergleichsweise jung und nicht so hart. Damit die Straßen an der Schlucht unter den schweren Lastern nicht wegbrechen, mussten sie teilweise aufwendig mit Steinmauern abgestützt werden. Auch jetzt flicken Männer überall lose Stellen.

Bevor mit dem Bau eines Dammes begonnen werden kann, muss die Stelle trockengelegt werden. Dazu wurden in Baglihar zwei Tunnel – einer 360 Meter, der andere 529 Meter lang – in

Der Anfang, der Nährstoff jeden Damms, ist der Steinbruch. Ohne ihn läuft nichts. Er liefert das Material, aus dem Stück für Stück die riesige Sperrmauer heranwächst.

Von oben sieht der Damm auf den ersten Blick wie ein gigantisches graues Siegespodest mit verschieden hohen Stufen aus, auf denen Menschen und Fahrzeuge wie Ameisen herumkrabbeln. Die Regierung von Jammu und Kaschden Felsen gesprengt, die den Fluss Chenab hufeisenförmig um die Baustelle herumleiten. Zusätzlich wird das Gelände während der Bauarbeiten durch zwei Schutzwälle aus Beton, Kofferdämme genannt, gegen Wasser abgepuffert,

Von oben sieht das Fundament des Baglihar-Damms aus wie ein gigantisches Siegerpodest mit verschieden hohen Stufen. Baglihar liegt im Nordwesten Indiens, im Himalaya-Staat Jammu und Kaschmir.

einer vor und einer hinter dem künftigen Damm. Der Chenab entspringt 300 Kilometer entfernt im Himalaya-Gebirge.

Der Anfang, der Nährstoff jeden Damms ist der Steinbruch. Ohne ihn läuft nichts. Er liefert das Material, aus dem Stück für Stück die riesige Sperrmauer heranwächst. Am Ende des Projekts wird ein halber Berg von A nach B versetzt sein. In Baglihar liegt der Steinbruch einen knappen Kilometer vom Fluss und dem Damm entfernt. Ladung für Ladung wird der Felsen gesprengt und das lose Gestein mit Muldenkippern zur Crusher-Anlage gekarrt, wo es zerkleinert und nach Größen, Körnungen genannt, sortiert wird.

Auf frei liegenden Förderbändern werden die Steine über hunderte Meter zur Kühlfabrik befördert. Es lärmt ohrenbetäubend, wenn sie durch die dunkle Anlage rattern. Beton ist eine Wissenschaft für sich und fast so sensibel wie Hefeteig. Nicht nur das Verhältnis von großen, mittleren und kleinen Steinen muss stimmen, damit er hält. Es kommt auch auf die richtige Temperatur an. Wird der Beton beim Härten zu heiß, gibt es gefährliche Risse. In Baglihar steigt das Thermometer im Sommer auf über 40 °C, da muss kräftig gekühlt werden.

Deshalb wurde eine Straßenkurve von der Kühlfabrik entfernt eigens eine Eisfabrik errichtet, die jeden Tag 282 Tonnen Eis ausspucken kann. Zusammen mit den gekühlten Steinen und dem Zement läuft das Eis in einer riesigen Mischanlage zusammen, wo es in der Zentrifuge zu Beton vermengt wird. Der Zement stammt aus der firmeneigenen Fabrik im indischen Bundesstaat Madhya Pradesh. Er wird mit dem

Rund 144 Meter hoch und 317 Meter lang wird der Damm in Baglihar. Am Sockel ist er 140 Meter breit. Dabei wird der Damm nicht aus einem Guss gefertigt, sondern aus mehreren ineinander greifenden Blöcken.

Zug nach Jammu transportiert und von dort mit Lastern über den Highway 1A durch die Berge.

Der noch kühle Beton wird in einen von drei riesigen, weißgrauen Kübeln gefüllt – sie werden dann an einem Kabelkran über den Damm gezogen und herabgelassen. Kurz über dem Damm speien die Kübel den Beton wie Brei auf den Boden. 28 Tonnen Beton fasst ein Kübel, aber wenn die Behälter in luftiger Höhe am Seil des Krans schweben, sehen sie winzig aus. Der Kabelkran ist ein Wunderwerk für sich: Er besteht aus armdicken Seilen, die in 200 Meter Höhe über die Schlucht und den Damm gespannt sind. Sie werden von einem Maschinenhaus an der Seite der Schlucht gesteuert, wo drei tonnenschwere Gegengewichte für den Ausgleich sorgen.

Kübel für Kübel, Schicht für Schicht wird der Beton auf den Damm gegossen und gleichmäßig verteilt, dann stecken gelbe Raupen ihre drei fühlergleichen Rüttler in den nassen Beton, um letzte Luftblasen herauszuschütteln. Rund 144 Meter hoch und 317 Meter lang wird der Damm in Baglihar, wenn er fertig ist. Am Sockel wird er 140 Meter breit sein – ein dickes Bollwerk im Wasser. An der Spitze, wo der Druck nachlässt, liegt die Breite nur bei acht Metern. Insgesamt soll der Stausee einmal 475 Millionen Kubikmeter Wasser fassen können.

Der Betonriese wird nicht aus einem Guss gefertigt, sondern in mehreren Blöcken, deren Nähte wabenartig ineinander greifen. Eingebaut in den Damm werden Abfluss- und Überlaufkanäle mit Toren, um Wasser ablassen zu können. 28 Tage dauert es, bis der Beton weitgehend

Rund um die Uhr wird am Baglihar-Damm gearbeitet. Das Projekt steht unter Zeitdruck.
Denn jede Verspätung ist gleichbedeutend mit verlorenen Erträgen.

Mehr als ein halbes Dutzend Dämme hat Japrakash Gaur bisher gebaut, ohne dass er die Begeisterung an seiner Arbeit verloren hätte: „Ich liebe Herausforderungen, ich genieße sie."

ausgehärtet ist. Seine ganze Härte erreicht er erst nach fast einem Jahr. 2,3 Millionen Kubikmeter Beton werden insgesamt verbaut werden. Die Qualität des Betons ist das A und O, in einem Labor vor Ort werden jeden Tag mehrere Proben gezogen, um seine Festigkeit zu kontrollieren.

Während am Boden der Schlucht der Damm Tag für Tag wächst, wurde weiter oben bereits ein neuer, viel größerer Tunnel in den Felsen gesprengt und gefräst. Noch liegt sein Eingang hoch über dem Fluss, doch wenn der Damm erst mal Wasser anstaut, wird sich das ändern. Über zwei Kilometer führt der Tunnel mit einem Durchmesser von über zehn Metern durch den Berg, bevor er sich in drei kleinere Tunnel teilt, die jäh in die Tiefe abfallen.

Im Innern sind diese Tunnel mit Stahl gepanzert, und durch sie wird später einmal das Wasser über mehr als 100 Meter in die Tiefe fließen, um dann seine Energie an die Turbinen abzugeben. Die Turbinen wiederum treiben die Generatoren an, in denen dann der elektrische Strom erzeugt wird. Nachdem das Wasser die Turbinen durchflossen hat, wird es wieder in den Fluss zurückgeleitet.

Um die Tunnel später (nach der Inbetriebnahme des Kraftwerks) einmal wieder entleeren zu können (für Wartungsarbeiten), werden am Eintritt in diese Tunnel große Einlauf-Schützen montiert, mit denen man den Zufluss des Wassers bei Bedarf abstellen kann.

Das Kraftwerk ist das Herz des Damms. Der große Moment kommt, wenn die Turbinen und Generatoren unter Tage zusammengesetzt und eingefügt werden. Die Einzelteile wurden inzwischen verstreut auf der ganzen Welt gefertigt. Selbst altgediente Monteure sind froh, dass sich am Ende die global gefertigten Bauteile pass- und zehntelmillimetergenau zu einem funktionierenden Ganzen zusammenfügen.

Rund um die Uhr und sieben Tage die Woche wird am Damm gearbeitet, Zeit ist Geld. Weil in Indien Stromausfälle Alltag sind, hat die Baufirma auf dem Areal eine Notstromversorgung errichtet. Sie springt automatisch an, wenn die Stromzufuhr stoppt. Die zehn Generatoren, angetrieben mit Dieselmotoren, können notfalls bis zu zehn Megawatt Strom liefern, dafür benötigen sie allerdings 1600 Liter Diesel pro Stunde. Auch ein riesiges Lagerhaus gibt es, in dem 30 000 Ersatzteile bereitliegen, um bei Ausfällen ohne Zeitverlust Ersatz zu schaffen.

Bis zu 10 000 Menschen arbeiten in Spitzenzeiten am Baglihar-Damm, etwa 40 Prozent davon stammen aus umliegenden Dörfern und werden mit den 30 firmeneigenen Bussen jeden Tag zur Arbeit und zurückgefahren. Die anderen leben auf dem Bauareal, in sechs Siedlungen. Es ist ein hartes, einsames Leben da draußen, ohne große Zerstreuungen – und ohne viel Freizeit. Die Menschen arbeiten 12-Stunden-Schichten.

Es erfordert eine eigene Infrastruktur, die Massen zu versorgen. Die Baufirma bezahlt nach eigenen Angaben Wasser, Strom, Schule und medizinische Versorgung. Jeden Tag werden in der eigenen Anlage abertausende Liter Wasser aufbereitet, in mehreren Kantinen wird in Kochtöpfen, so breit wie Autoreifen, Essen zubereitet, die Wäscheberge waschen Wäscher aus den Dörfern. Zwei Hospitäler hat die Baufirma auf dem Areal errichtet, um bei Unfällen oder Krankheiten die Menschen gleich vor Ort behandeln zu können. Die Kinder der Mitarbeiter werden zur Schule gefahren und danach wieder abgeholt.

Auch das Militär, das die Regierung von Jammu und Kaschmir zum Schutz bereitgestellt hat, lebt mit auf dem Gelände, in einem eigenen Camp neben dem Wohntrakt der führenden Manager. Die Baufirma bemüht sich, zumindest ein wenig Komfort zu bieten. Es gibt einen kleinen Fitnessraum, den auch die Soldaten nutzen. Ein Spielezimmer und eine Tischtennisplatte sind auch verfügbar – und auf einer Anhöhe steht ein kleiner Hindu-Tempel, in dem Gläubige Wasser aus dem Ganges trinken können, das eigens hierher gebracht wurde.

Und es gibt Pflanzen und Blumen, Rosen vor allem. Dass es auch hier grünt und blüht, darauf legt Jaiprakash Gaur Wert. Mehr als ein halbes Dutzend Dämme hat er inzwischen gebaut, und noch immer ist ihm die Begeisterung anzumerken. „Ich liebe Herausforderungen, ich genieße sie“, sagt er. Abends vor dem Schlafen, zwischen ein und zwei Uhr nachts, liest er gerne, am liebsten Biografien großer Männer – von Gandhi über Winston Churchill bis hin zu Charles de Gaulle. Obwohl Gaur mehrere Bildungsprojekte fördert, glaubt er, dass am Ende nicht die Bildung über den Erfolg entscheidet. „Es ist deine Idee, deine Hingabe.“

Aufgezeichnet von Christine Möllhoff

SIEMENS
CUIDADO

BAU UND MONTAGE
KOLOSSALE PRÄZISION

Durch diese mächtigen Rohre wird nach dem Abschluss
der Bauarbeiten das Wasser aus dem Stausee zu den Turbinen fließen.

Indianische Ureinwohner haben dem Fluss seinen klangvollen Namen gegeben: Paraguaçu. Er windet sich durch den brasilianischen Bundesstaat Bahia, rund 1500 Kilometer südlich des Äquators, wo Trockenheit und heftige Regengüsse einander ablösen – ein brisantes Klima. Um die Anlieger vor Hochwasser zu schützen, schüttete die Regierung schon Mitte der 80er Jahre, zwei Autostunden von der Küste entfernt, einen etwa 120 Meter hohen Damm auf. Der See, der sich dahinter bildete, sollte obendrein die Trinkwasserversorgung der rasch wachsenden Großstadt Salvador sicherstellen. Für den Bau eines Kraftwerks fehlte damals das Geld. Erst jetzt wird der Damm „motorisiert", wie Ingenieure die Stromgewinnung nennen. Am Dammfuß klafft bereits ein tiefer Einschnitt, durch den das Wasser abfließen wird, wenn es seinen neuen Weg durch das Maschinenhaus nehmen wird. Aus der Felswand schlängeln sich zwei mächtige Rohre, in denen das Nass bald mit gewaltigem Druck aus dem Stausee nach unten geleitet wird. Seine Kraft treibt dann zwei Francis-Turbinen an, die mit einer Leistung von jeweils 82,6 MW zu den mittelgroßen gehören.

Eine der Maschinen ist bereits fast komplett installiert. Im Maschinenhaus, einem wuchtigen Stahlbetonbau mit Stützen wie Kirchenpfeiler, muss man viele Treppen hinabsteigen, um ihre gewaltigen Ausmaße mitsamt den imposanten Einzelteilen zu begreifen. In jeder Etage bietet sich ein anderes Bild: Auf der Generatorebene der Blick in den Stator, dem Laien kommt es vor wie ein einziges Wirrwarr aus Drähten, dann auf dem Turbinenflur der Blick auf die Welle und die suppentellergroßen Kuppelschrauben, die vielen Steuerleitungen und den Leitapparat. Insgesamt misst die aufrecht stehende Welle fast zehn Meter. Sie verbindet den Generator, der am oberen Ende der Welle angeordnet ist, mit der Turbine, die am unteren Ende für den nötigen Antrieb sorgt. Die Treppe führt noch tiefer hinab, bis zum Saugrohr, aus dem das Wasser – wenn das Kraftwerk erst läuft – nach verrichteter Arbeit nach unten ausströmt.

In den Katakomben des Maschinenhauses führt ein Gang zum Herzen der Anlage, genauer: in die Aorta. Die Techniker sprechen von der „Spirale". Sie liefert das Wasser und ist an die Rohrleitungen, welche vom Stausee herunterführen, angeschlossen. Sie hat die Form eines Schneckenhauses und windet sich um die Turbine herum, wobei sie immer enger wird. Um hineinzugelangen, muss man durch eine enge Luke, Mannloch genannt, klettern und aufpassen, nicht am mächtigen Verschlussdeckel hängen zu bleiben. Während des Betriebs ist der Deckel geschlossen, und in der Spirale herrscht ein Druck, der 105 Meter Wassersäule entspricht. In jeder Sekunde fließen 85 Kubikmeter Wasser hindurch und treiben die Turbine an.

Durch breite Spalte, gebildet durch Stützschaufeln, kann man die Leitschaufeln des Leitapparats sehen, die dem Wasser die Richtung vorgeben. Und dahinter, weit innen, glänzen die Schaufeln des Laufrads. Die Spirale, mit einer korrosionsfesten schwarzen Farbe beschichtet, wurde einer Druckprobe von fast 160 Meter Wassersäule unterzogen, um ihre Dichtigkeit und Funktionsfähigkeit zu prüfen. Danach wurde sie – bis auf den Zugang – einbetoniert.

Der Bau des Kraftwerks erfordert die ungewöhnliche Kombination von Kraft und Präzision. Die meisten Bauteile sind tonnenschwer, um den enormen Lasten trotzen zu können. Dennoch müssen sie zehntelmillimetergenau montiert werden. Allein ihr rotierender Teil wiegt rund 180 Tonnen, so viel wie 130 Porsche 911. Dazu kommen die feststehenden Komponenten, allen voran der Stator des Generators, der es bei einem Durchmesser von 6,70 Metern auf 90 Tonnen bringt. Solche gewaltigen – und sperrigen – Lasten lassen sich nur zerlegt transportieren. Der Stator kam in zwei Hälften vom Voith-Siemens-Werk im 2000 Kilometer entfernten São Paulo über die Bundesstraße BR 101 zur Baustelle. Bei größeren Kraftwerken sind noch weit mehr Transporte nötig. Im Kraftwerk von Itaipú, dessen Turbinen jeweils 700 MW leisten, war der Stator beim Transport in sechs Teile zerlegt.

Hier, am Paraguaçu, fahren die Tieflader direkt ins Maschinenhaus, wo ein Brückenkran ihre Ladung zunächst auf eine Montagefläche hievt. Dort liegt bereits ein glänzender Laufradring, der aussieht wie eine überdimensionale Unterlegscheibe, sowie ein Stück der Welle, dick wie ein Baumstamm. Von dort geht es in die endgültige Position. Rund ein Dutzend tonnenschwere Teile muss der Kran in den Betonschlund einfädeln und exakt absetzen, angefangen von den Turbinen-Komponenten wie Laufrad, Leitschaufeln oder Turbinendeckel bis hin zum oberen Führungslager. Sogar die Welle wird aus zwei Stücken zusammengeschraubt.

Die Montage des wuchtigen Generator-Rotors erfordert besonders viel Fingerspitzengefühl – und die Hilfe vieler Hände. Denn der Koloss, mehr als vier Meter im Durchmesser, muss exakt in den Stator eintauchen, der weniger als einen Fingerbreit Platz lässt. Der Spalt misst gerade zwölf Millimeter. Da darf nichts wackeln oder schwingen. Der Rotor würde mit seinen 140 Tonnen die filigranen Wicklungen verletzen, wenn er auch nur einmal die Wand berührte – eine aufwendige Reparatur wäre unvermeidlich. Sind alle Teile miteinander verbunden, folgt eine scharfe Kontrolle. Besonders wichtig: Der gesamte Wellenstrang, gebildet aus Laufrad, Turbinenwelle, Generatorwelle und Generatorrotor, muss exakt fluchten und genau vertikal ausgerichtet sein, damit keine Schwingungen und Vibrationen auftreten, wenn er sich während des Betriebs genau 257,14 Mal pro Minute um seine Achse dreht. Die

Ursprünglich hatte man den Fluss Paraguaçu im brasilianischen Bundesstaat Bahia zum Hochwasserschutz und zur Trinkwasserversorgung aufgestaut. Jetzt wird der Damm „motorisiert", d. h. zur Stromerzeugung ausgebaut.

Bereits Mitte der 80er Jahre wurde der 120 Meter hohe Damm errichtet.
Für den Bau eines Kraftwerks fehlte damals noch das Geld.

Blick in die Generatorhalle. Die Montage des Rotors erfordert besonders viel Fingerspitzengefühl. Denn der Koloss, mehr als vier Meter im Durchmesser, muss exakt in den Stator eintauchen.

Maschinenbauer hängen ein Lot in die geschmiedete, silbrig glänzende Welle, die innen hohl ist. So können sie im Keller die Abweichung ablesen. Sie darf 0,2 Millimeter nicht überschreiten oder – wie die Pläne fordern – nicht mehr als 0,02 Millimeter pro laufenden Meter Welle betragen.

Natürlich darf die Welle auch keinen Knick haben, den man mit dem Lot übersehen könnte. Um die geforderte absolute Knickfreiheit zu überprüfen braucht es starke Männer. Mit schierer Muskelkraft drehen sie die Welle mitsamt Turbinen- und Generator-Läufer, also die gesamten 180 Tonnen, Stück für Stück herum. Das geht freilich nur, wenn ein Hochdruck-Ölfilm in das Weißmetall-Spurlager hineingepumpt wird. Dieses Spurlager, etwa in der Mitte der Welle angebracht, trägt die gesamte Last der drehenden Teile und ist zugleich mit einem horizontalen Lager kombiniert. Daneben gibt es zwei weitere Horizontallager, eines oben am Generator und eines unten an der Turbine. Hier erfolgen die Messungen. Wenn die Männer das schwere Rund um jeweils 45 Grad drehen, darf die Welle in diesen beiden Führungslagern nur um 0,12 Millimeter aus der Mitte laufen.

Doch all die Präzisionsarbeit auf der Baustelle liefe ins Leere, wenn die einzelnen Bauteile nicht extrem genau gefertigt würden. Im Werk von Voith Siemens Hydro Power Generation am Rande der Industriemetropole São Paulo wird mit hoher Qualität und sehr engen Toleranzen gefertigt. In den weiten Hallen wird gefräst, geschweißt und geschliffen. Die Drehbänke haben die Größe von Kinderkarussells, bis zu 16 Meter im Durchmesser. Unter der Decke laufen gelbe Brückenkräne, die viele Hundert Tonnen heben können, und auf dem Boden liegen gewaltige Werkstücke: von Turbinenschaufeln, die an riesige Elefantenohren erinnern, bis hin zu kompletten Generator-Statoren von den Ausmaßen eines kleinen Wohnhauses, fast 250 Tonnen schwer. Vor allem sieht man Turbinen-Läufer in verschiedenen Stadien der Bearbeitung. Sie sind für Pelton-, Kaplan- und – die meisten – für Francis-Turbinen bestimmt.

Die Turbine ist das Kernstück eines Wasserkraftwerks – wie das Mühlrad in einer herkömmlichen Wassermühle. Es wandelt die Energie, die im Wasser steckt, in Rotationsenergie um und beeinflusst durch seine spezielle Form den Wirkungsgrad der Turbine. Seine Herstellung erfordert viel Erfahrung und Know-how. Nichts an einem Francislaufrad ist gerade oder rechtwinklig, alles räumlich gekrümmt. Jede einzelne seiner Schaufeln ist letztlich ein Unikat. Denn jede wird – zumindest bei größeren Turbinen – einzeln aus Chromstahl gegossen, einem besonders widerstandsfähigen Material, das 13 Prozent Chrom und vier Prozent Nickel enthält.

Man muss lange durch die Hallen laufen, um alle Arbeitsschritte zu sehen, bis ein Stück fertig ist. Am Anfang steht ein Holzmodell der Schaufel, das eine computergesteuerte Fräse millimetergenau aus einem Klotz herausschneidet. Doch diese Gussvorlage hat nicht exakt die Form der fertigen Schaufel, wie sie die Hydrauliker berechnet haben: Sie ist nach präzisen Vorgaben verzerrt, um die Schrumpfung und den Verzug, der beim Abkühlen des flüssigen Eisens entsteht, zu kompensieren. Außerdem ist sie mit Zugaben versehen, damit eine spätere Bearbeitung des Werkstücks möglich ist. Mit dem Holzmodell lässt sich die Form aus schwarzem Spezialsand formen, der sich allen Konturen anschmiegt und nach dem Trocknen zu einer festen Masse zusammenbackt. Neben den Schmelzöfen warten viele Gussformen auf das flüssige Metall.

Kaum abgekühlt und aus dem Sand ausgegraben, müssen die tonnenschweren Rohlinge schon wieder in die Hitze: Zum Glühen kommen sie in einen haushohen Ofen, um innere Spannungen abzubauen. Dann werden sie vermessen und auf eine Metallfräse gespannt. Auch hier hat der Computer das Kommando übernommen – der Arbeiter steuert und kontrolliert von seiner Glaskanzel aus alles. Bahn für Bahn gleitet der Fräskopf über das Metall und gibt ihm seine endgültige Form. Die Metallspäne fliegen nur so durch die Luft, als würde sich das Gerät durch Holz arbeiten und nicht durch harten Chromstahl. Hat die Schaufel schließlich ihren letzten Schliff bekommen, muss sie noch zahlreichen Prüfungen standhalten, ehe sie zur Montage bereit ist. Nicht nur die Geometrie des Schaufelblatts muss stimmen, das Metall darf auch keine Risse oder Poren haben. Versteckte Risse deckt die so genannte Magnetpulverprüfung mit Hilfe von Metallspänen und einem Magnetfeld auf. Bei der Farb-Eindringprüfung kriecht Spezialfarbe in jede noch so winzige Öffnung und macht sie sichtbar. Arbeiter fräsen oder schleifen die Fehler heraus und verschweißen die Fehlstellen. Dieses Verfahren ist normal, da man beim Gießen immer mit irgendwelchen Einschlüssen rechnen muss.

Das größte Turbinenrad, das in der Fabrik gerade auf den Transport wartet, ist für das brasilianische Kraftwerk Tucuruí bestimmt. Es wiegt 250 Tonnen und hat einen Durchmesser von 8,43 Metern. Diesen Koloss haben Schweißer in monatelanger Arbeit aus 13 Schaufeln, dem ringförmigen Kranz, der das Bauteil außen umschließt, und dem Boden zusammengefügt. Anschließend wurde es mit Hilfe von Messdosen ausgewuchtet, ohne es rotieren zu lassen. Trotz seiner gewaltigen Ausmaße muss es in vielen Teilen hohen Genauigkeiten genügen. Um diese Genauigkeiten einzuhalten und messen zu können – bei einem Durchmesser von 8,43 Metern sind dies plus/minus 0,2 Millimeter! –, haben sich die Voith-Ingenieure eine Art Ur-Meter zugelegt. In einem klimatisierten Raum steht ein schwerer Stein, der – exakt vermessen – als Längenreferenz dient.

Ähnlich scharfe Anforderungen gelten für die Leitschaufeln. Sie ähneln den Lamellen einer Jalousie und umschließen das Laufrad der Turbine. Wie eine Jalousie lassen sie sich auch gemeinsam öffnen und schließen – und regeln so, wie viel Wasser zufließt. Da sich jede Leitschaufel um drei Horizontallager dreht, muss sie kerzengerade ausgerichtet sein, damit nichts streift oder klemmt. Die Toleranzen für die Exzentrizität: kleiner als 0,1 Millimeter. Das ist umso erstaunlicher, als eine einzige Leitschaufel beachtliche Ausmaße haben kann: bis zu vier Meter lang und elf Tonnen schwer. Solche Giganten wurden in São Paulo für den chinesischen Drei-Schluchten-Damm gefertigt.

Wenn die schweren Teile auf dem Tieflader aus der Fabrik rollen, ist die Präzision allerdings kein Thema mehr. Dann zählen nur noch Kraft und KW. Der Transporter, der 2003 ein 300-Tonnen-Laufrad zum Itaipú-Kraftwerk brachte, war 90 Meter lang und fuhr auf 256 Rädern. Er zockelte im Tempo eines Flaneurs dahin, schaffte nicht mehr als drei Kilometer in der Stunde und brauchte länger als einen Monat für die rund 1000 Kilometer. Besonders schwierig gestaltete sich die erste Etappe durch die brasilianische Industriemetropole. Die Transportabteilung von Stadt und Bundesstaat São Paulo musste diese Fahrt genehmigen. Die Vorbereitungen dauerten zwei Monate. Außerdem stand dem Tieflader, bevor er die Hauptstraße erreichte, eine steile Rampe im Weg. Hier mussten gleich drei Zugmaschinen anpacken, jede mit zwei Motoren bestückt. Dennoch: Die Energie, die der Transport verschlang, hat die Turbine, wenn sie erst arbeitet, schon in wenigen Minuten wieder eingespielt.

Klaus Jacob

„DAS MÜSSTE SCHON EIN SEHR GUTER FREUND SEIN, DEM ICH EIN GARTENTOR BAUEN WÜRDE“

IM GESPRÄCH MIT OTTO FAHR, EINEM SCHWEISSER

Zum Schichtwechsel ist Arbeitsübergabe. Dann treffen sich die beiden Schweißer Otto Fahr und Hendrik Gawliczek an „ihrem“ Laufrad und besprechen die nächsten Arbeitsschritte. Sie arbeiten nun schon seit mehr als sieben Jahren zusammen. Eine Zeitspanne, die so manche Ehe nicht überdauert. Doch Fahr und Gawliczek sind über die gemeinsame Arbeit zu einem treu verbundenen Team geworden, bei dem sich der eine auf den anderen verlassen kann. Das sei auch notwendig, erklärt Otto Fahr, denn ihre Arbeit sei nichts für Einzelkämpfer. „Wenn wir zusammen arbeiten, haben wir außerdem die doppelte Anzahl an Ideen, wie wir schwierige Abschnitte angehen“, erläutert er. Zwar werde in einem detailliert ausgearbeiteten so genannten Schweißfolgeplan genau vorgegeben, in welcher Reihenfolge die Schweißnähte zu setzen seien. „Doch welche ‚Kunstgriffe‘ wir anstellen, um an Stellen, an die man kaum herankommt, arbeiten zu können, bleibt nun mal unserer Erfahrung überlassen. Und da kann es nur helfen, wenn wir die nächsten Schritte gemeinsam besprechen.“

Otto Fahr strahlt Ruhe und Gelassenheit aus. Er weiß, dass von ihm hundertprozentige Präzision verlangt wird – und er liefert sie auch. Die von ihm zusammengeschweißten Turbinenlaufräder sind Unikate, für deren Herstellung nur in Ausnahmefällen Schweißroboter eingesetzt werden könnten. Von diesen Automaten in absehbarer Zeit verdrängt zu werden, befürchtet Otto Fahr daher nicht. Im Gegenteil – für ihn ist es kaum vorstellbar, die für den Zusammenbau eines Laufrades so unterschiedlichen Arbeitsschritte einer Maschine beizubringen.

Für Otto Fahr war Präzision bereits in seiner Jugend kein Fremdwort. Während seiner Kindheit, die er auf dem Land verbrachte, konnte er bei seinem Vater, einem Waldarbeiter, beobachten, wie entscheidend beim Spalten von Buchenstämmen der richtige Schlag an die richtige Stelle sein kann. Wer hier nicht präzise den „hot spot“ trifft, tut sich schwer. Um in der Übung zu bleiben, schwingt Fahr auch heute noch manchmal die Spaltaxt. Doch oft kommt er dazu nicht. Auch für Hobbys habe er kaum Zeit, bedauert er. Schon gar nicht sei er darauf erpicht, seine Freizeit mit Schweißarbeiten zu verbringen: „Das müsste schon ein sehr guter Freund sein, dem ich ein Gartentor bauen würde.“

Das Schweißen hat Otto Fahr bei Voith in Heidenheim gelernt. Hier hat der heute 50-jährige vor 36 Jahren als Lehrling begonnen. Dass er sich fürs Schweißen entschieden hat, lag vor allem am großen Bedarf. Gelernt hat er das Autogenschweißen und das Elektrodenschweißen, wobei er sich an die ersten Schweißversuche noch gut erinnern kann: Die Elektroden sind öfter „festgeklebt“, als ihm lieb war. Es habe schon einige Übung erfordert, erzählt er,

OTTO FAHR

bis er den beim Schweißen sich verzehrenden Stab im stets gleichen Abstand über das Werkstück ziehen konnte.

Kurz vor seiner Facharbeiterprüfung hat Otto Fahr die heute dominierende Schweißtechnik kennen gelernt: das Schutzgasschweißen. Dabei wird ein 2400 Grad heißer Lichtbogen zwischen dem gleichmäßig nachgeführten Schweißdraht und dem zu schweißenden Werkstück erzeugt. Gleichzeitig sorgt ein über einen Schlauch an die Schweißstelle geleitetes Gas (Kohlendioxyd oder ein Edelgas) dafür, dass das flüssige Metall unter dem Lichtbogen nicht oxydiert – was die Schweißnahtqualität vermindern würde. Diese Technik hat Otto Fahr über die Jahre perfektioniert. Dass er dennoch alle zwei Jahre bei einem öffentlich bestellten Schweißfachingenieur eine Prüfung ablegen muss, nimmt er daher klaglos hin, zumal er weiß, dass seine Tagesarbeit deutlich schwieriger ist als die genormten Kontrolltests. Mehr Respekt hat er vor dem umfangreichen Fragenkatalog, der bei der Prüfung beantwortet werden muss. Vor allem die den Arbeitsschutz betreffenden Fragen seien oft kniffig, sagt Fahr.

Wie wichtig der Arbeitsschutz ist, erfährt Otto Fahr täglich „hautnah“. Auf Grund seiner Erfahrung weiß er längst, wie heiß es werden kann, wenn man mit der im Schutzhandschuh steckenden Hand zu nah und zu lange an eine vom Lichtbogen aufgeheizte Stelle kommt. Dann reiche es keineswegs aus, die Hand wegzunehmen. Vielmehr müsse man die Hand rasch aus dem Handschuh ziehen. Doch Otto Fahr zieht seine Hand nur selten zurück. Er weiß nach all den Jahren, was er ihr zumuten kann. Außerdem unterbricht jeder Rückzieher das gleichmäßige Ziehen der Schweißnaht. Und dass er dazu nicht kommt, ist nun mal sein größter Ehrgeiz.

Die „Hohlkehlen“, das heißt die Übergänge von den Turbinenschaufeln in den Boden und in den oben auf den Schaufeln sitzenden Kranz des für die Montage flach liegenden Laufrades, sind die Stellen, die Otto Fahr Schritt für Schritt mit flüssigem Metall zu füllen hat. Und zwar so, dass sich eine porenfreie Einheit aus Schaufeln, Boden und Kranz ergibt. Wie diffizil und langwierig diese Arbeit ist, lassen die Dimensionen der von Otto Fahr zusammengeschweißten Laufräder erahnen: Das größte von ihm bisher zusammengesetzte Turbinenrad hatte einen Durchmesser von 7,3 Meter und war 220 Tonnen schwer. Über zwölf Monate hat er zusammen mit zwölf Kollegen an dem Turbinenrad gearbeitet, das heute im brasilianischen Kraftwerk Xingo von rund 480 Kubikmeter Wasser in der Sekunde durchströmt wird. Beim Verschweißen der 13 Schaufeln haben sie für die Schweißnähte rund 1,8 Tonnen Schweißdraht verarbeitet.

Jede Schweißnaht des Xingo-Laufrads besteht aus bis zu 150 „Lagen“. Schicht für Schicht müssen sie aufgebaut werden. Dabei sind die Stellen, wo die stumpfwinklig zulaufenden Aufstandsflächen der Schaufeln mit dem Boden und dem Turbinenkranz eine enge Nut bilden, die kritischsten Bereiche. Denn auch diese schmalen „Kerben“ müssen, wie Otto Fahr erklärt, vollständig mit flüssigem Stahl gefüllt werden. Damit der nicht unter der Schaufel auf die noch nicht verschweißte Gegenseite durchläuft, wird dort eine so genannte Schweißbadsicherung eingebaut. Das sind feine Keramikzylinder, die sich auch in kleinste Ecken stopfen lassen. Sind die

Der Zusammenbau von Wasserturbinen ist Präzisionsarbeit. Bis zu einem Jahr kann es dauern, bis ein großes Turbinenrad ausgeliefert werden kann.

ersten sechs Bahnen gezogen, kann man sich die Gegenseite vornehmen. Zuvor muss allerdings das „Terrain" bereitet werden: Die Schweißsicherung muss raus. Anschließend wird mit einem lichtbogenerzeugenden Fugenhobel die Kerbe „gesäubert" und mit der Schleifmaschine blank geputzt und rissgeprüft. Erst danach kann geschweißt werden. Auch jetzt können nur wenige Nähte auf einmal gezogen werden, um nicht allzu große Spannungen im Stahl aufkommen zu lassen. Damit sich das Laufrad durch die Hitzeentwicklung beim Schweißen nicht verziehen kann, wird zudem über Kreuz gearbeitet; stets von einer Schaufel zur gegenüberliegenden.

„Wenn es geht, schweißen wir schräg nach oben", erläutert Otto Fahr sein Vorgehen. Das ist bei kleinen Turbinenrädern leichter zu schaffen als bei größeren, die sich nicht ohne weiteres in die jeweilige Wunschposition drehen lassen. „Dann sind wir gezwungen, auch aus einer sehr ungünstigen Lage heraus unsere Schweißnähte zu ziehen. Bei großen Laufrädern mit einem relativ weiten Schaufelabstand bedeutet das, dass wir uns in die Räder hineinlegen und mitunter auch über Kopf arbeiten müssen", sagt Fahr. Besonders schwierig und schweißtreibend wird diese Arbeit immer dann, wenn der Stahl der Schaufeln, des Bodens und des Kranzes vorgewärmt werden muss, um ein Aufhärten des Ma-

Schweißen und Schleifen: Alles, was zu viel an Schweißgut aufgetragen ist, muss später wieder mühsam abgetragen werden.

„Regelmäßig nach einem genauen Plan prüfen wir jede Schweißnaht. Nur so können wir stets sicher sein, höchste Qualität zu produzieren."

terials und damit eine Rissbildung zu verhindern. Beim Xingo-Laufrad war das der Fall. Das Metall war hier auf rund 150 °C vorgewärmt – und zwar während der gesamten mehrmonatigen Schweißarbeiten. „Mit hitzeresistenten Liegematten haben wir uns, so gut es ging, geschützt. Und nach dem Motto ‚Was gut ist gegen Kälte, hilft auch gegen Wärme' haben wir unter unsere Arbeitskleidung noch Hemden und Hosen gezogen", erinnert sich Fahr, „viel länger als eine Dreiviertelstunde konnten wir dennoch nicht im Turbinenrad arbeiten. Dann waren wir komplett durchgeschwitzt – und durstig ohne Ende."

Doch ob groß und heiß oder klein und kalt – ob zugänglich oder unzugänglich –, stets müssen die Schweißnähte die gleiche Präzision aufweisen. „Regelmäßig nach einem genauen Plan prüfen wir jede Schweißnaht. Nur so können wir stets sicher sein, höchste Qualität zu produzieren", sagt Fahr. Doch nicht nur die Homogenität der Schweißnähte ist entscheidend für die Qualität der Arbeit. Mindestens so wichtig ist, dass die in der Zeichnung vorgegebenen Radien (an den Übergängen von den Schaufeln zu Boden und Kranz) genau eingehalten werden. Maximal um ein bis zwei Millimeter dürfen die Schweißer hier von der Ideallinie abweichen. Alles, was zu viel an Schweißgut aufgetragen ist, müssen später die Turbinenrad-Schleifer am fertigen Laufrad wieder mühsam abtragen. Das kostet Zeit. Eine Radiusschablone soll daher helfen, beim Schweißen exakt an die Ideallinie heranzukommen. Sie zeigt, an welchen Stellen noch Material fehlt.

Bis heute hat Otto Fahr 26 Turbinenräder zusammengeschweißt. Addiert ergibt das eine Leistung von 3120 Megawatt, die Jahr für Jahr dazu beiträgt, die Kraft des Wassers in Elektrizität zu verwandeln. Für Fahr zählt die Wasserkraft zu den umweltfreundlichsten Stromerzeugungsverfahren. Daher fällt es ihm leicht, sich mit seiner Arbeit zu identifizieren. Einige Wasserkraftanlagen hat er besucht. So etwa die Pumpspeicherkraftwerke Kaprun und Goldisthal, wobei er an dem heute in der Anlage Goldisthal sich drehenden Turbinenrad selbst mitgearbeitet hat. Besonders beeindruckt hat ihn schon wegen seiner gewaltigen Ausmaße der Hoover-Damm in der Wüste von Arizona, der den Colorado River aufstaut und mit seinen 17 Turbinen einen Großteil des Stroms für Las Vegas produziert. Mit Freunden war Otto Fahr vor über zehn Jahren im Wohnmobil durch den Westen der USA in die Spielerstadt gereist. Genau 50 Dollar habe er damals den einarmigen Banditen „geopfert". „Das war so geplant", sagt Otto Fahr und schmunzelt.

Aufgezeichnet von Georg Küffner

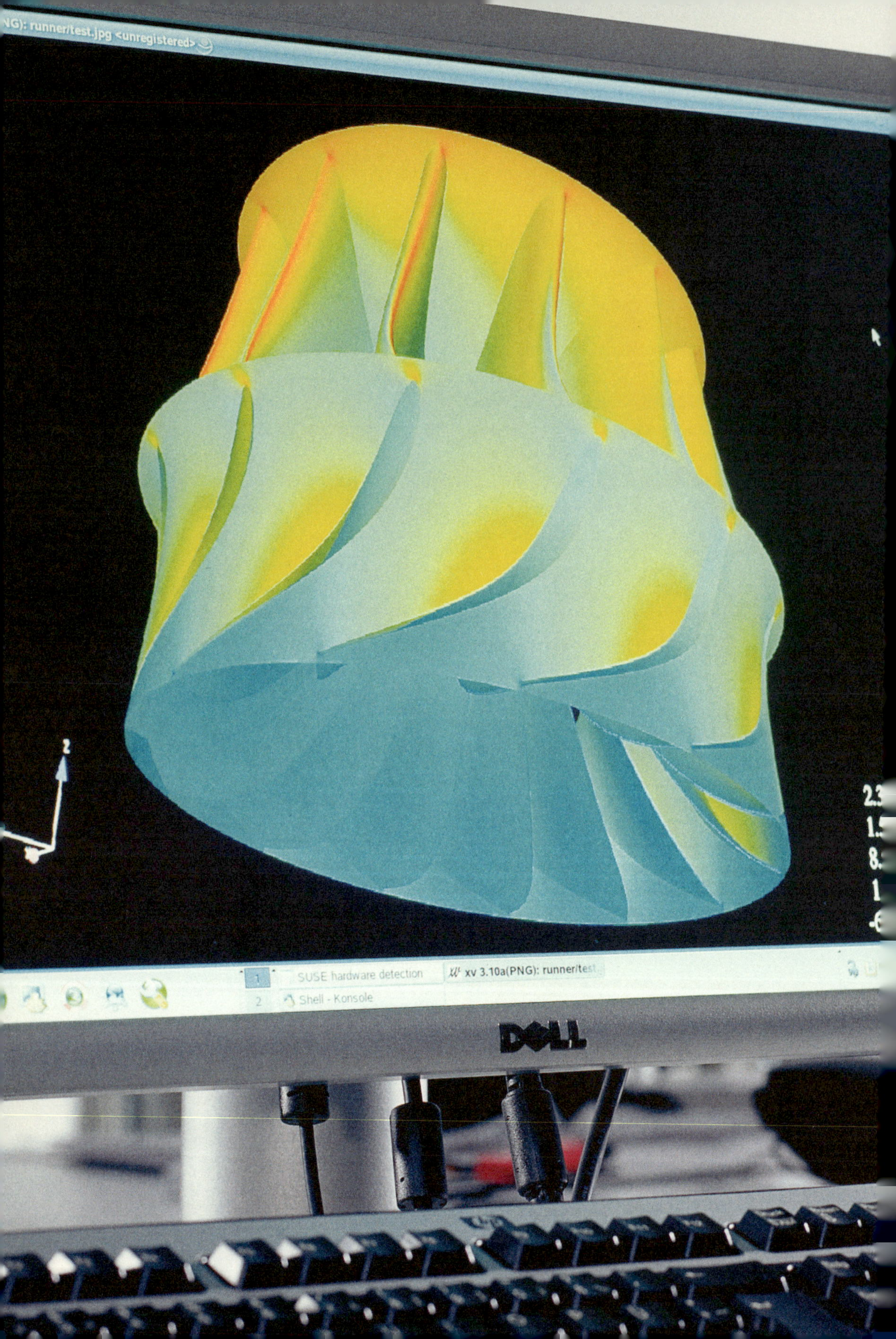
NG): runner/test.jpg <unregistered>
SUSE hardware detection
xv 3.10a(PNG): runner/test.
Shell - Konsole
DELL

WASSERKRAFT UND WISSENSCHAFT
FORSCHUNG UND ENTWICKLUNG BEI VOITH SIEMENS HYDRO POWER GENERATION

Blick von unten auf eine sechsdüsige Pelton-Turbine im Modellversuchsstand des Technologiezentrums Brunnenmühle von Voith Siemens Hydro Power Generation.

Die Gegensätze könnten kaum größer sein. Während man heute bei der Auslegung von Wasserturbinen auf präzise Modellversuche und immer aufwendigere, computergestützte Simulations- und Konstruktionsprogramme zurückgreifen kann, waren die Pioniere der Wasserkrafttechnik auf die Unterstützung befreundeter Unternehmen angewiesen: Immer dann, wenn es galt, wichtige Versuche oder Neuentwicklungen unter realen Bedingungen zu testen, mussten die Prüfingenieure sich erst einmal auf die Suche nach einer passenden Wasserkraftanlage machen.

Solche Versuche waren mit erheblichen Schwierigkeiten und recht hohen Kosten verbunden. Der normale Anlagenbetrieb wurde durch die Tests empfindlich gestört; die Zeit war entsprechend knapp bemessen. Die Messeinrichtungen konnten nur provisorischen Charakter haben, und auch die Betriebsbedingungen waren weitgehend vorgegeben. An systematische Versuche war unter diesen Umständen nicht zu denken. Doch diese begrenzten Möglichkeiten wollten die Ingenieure an der Wende vom 19. zum 20. Jahrhundert nicht missen – schließlich boten sie die einzige Chance, Fehler aufspüren und die Geometrie der Turbinenräder zu verbessern.

Da die Leistung und damit die Dimension der Wasserturbinen immer weiter stiegen, gestalteten sich Messungen an Prototypen immer schwieriger. Um diese Malaise zu überwinden, errichteten die größeren Hersteller von Wasserturbinen zu Beginn des vergangenen Jahrhunderts eigene Versuchsstände. So auch das Unternehmen J. M. Voith, das am Flüsschen Brenz, in der „Bleiche" – einer früheren Leinenbleicherei – einen ersten Versuchsstand aufbaute. Tests an geometrisch verkleinerten Modellen boten sich als Ausweg an, nachdem einige Zeit zuvor Gesetzmäßigkeiten formuliert worden waren, mit denen die Entwicklungsingenieure Testergebnisse vom Modell auf Großmaschinen übertragen können.

In der „Bleiche" nutzten die Turbinenbauer die bescheidene Fallhöhe der Brenz (etwa 1,8 Meter) zum Test von Versuchsturbinen. Dieser erste Schritt erwies sich freilich rasch als zu klein für die in dieser Zeit rasant voranschreitende Turbinenentwicklung. Eine „richtige" Versuchsanlage musste her. 1907 kauft Voith zwei Wasserkraftanlagen an der Brenz: Mit der nur wenige Meter vom Werksgelände entfernten „Brunnenmühle" erwirbt das Unternehmen eine ehemalige Getreidemühle samt einer Quelle, die den Entwicklungsingenieuren mit einem Höhenunterschied von 2,8 Metern, einer Ergiebigkeit von gut zwei Kubikmetern pro Sekunde reinsten Wassers deutlich verbesserte Versuchs- und Beobachtungsbedingungen bietet.

Noch wichtiger allerdings war den Ingenieuren der Bau eines Versuchsstands zum Test von Hochdruck-Modellturbinen mit bis zu 300 Kilowatt Leistung. 100 Meter oberhalb der Brunnenmühle entsteht deshalb ein 8000 Kubikmeter fassender

Wasserspeicher – und damit das erste Pumpspeicherkraftwerk Deutschlands. Den Strom zum Füllen des Beckens liefert das zweite, 15 Kilometer südlich in Hermaringen gelegene Versuchskraftwerk – immer dann, wenn elektrische Energie nicht für die Produktion benötigt wird. Die Bedingungen in Hermaringen prädestinieren die Anlage dort für den Test von Niederdruckturbinen.

1916 entschließt man sich bei Voith, auch die „Brunnenmühle" für Versuche mit Niederdruck-Modellturbinen auszubauen. Schon 1917 laufen die ersten Tests mit kleinen Modellmaschinen. Die Fallhöhe beträgt knapp vier Meter. Die Laufradentwicklung erweist sich als derart erfolgreich, dass schon 1929 ein neuer Niederdruckmesskanal entsteht. Schon zwei Jahre zuvor hatte man außerdem einen Versuchsstand errichtet, mit dem man fortan dem Phänomen der Kavitation auf die Spur kommen will. Aufgabe der zweiten Versuchsstation in Hermaringen bleibt – noch bis 1968 – der grundlegende anlagenspezifische Test größerer Modellmaschinen.

UNVERZICHTBARE MODELLVERSUCHE

Modellversuche sind – zumindest bei Großprojekten – bislang unverzichtbar, da Wasserkraftwerke in der Regel Unikate sind, die an die Gegebenheiten vor Ort angepasst werden müssen. Bis heute werden Turbinen deshalb individuell berechnet, konstruiert und mit Hilfe von Modellen vor dem Bau der eigentlichen Anlage getestet. Auch der Einsatz moderner Simulationsverfahren wie der numerischen Strömungssimulation – der Computational Fluid Dynamics (CFD) – vermochte daran bislang nichts zu ändern. Die Wassermenge und der Höhenunterschied – zum Beispiel zwischen Stausee und Kraftwerk – sind hier die wesentlichen Randbedingungen. Wichtigstes Ziel der Entwicklungsingenieure: eine möglichst störungsfreie Strömung und präzise Vorhersagen über Leistung und Wirkungsgrad.

Der Grundstein für eine moderne strömungstechnische Versuchsanstalt wird bei Voith schon früh nach dem Zweiten Weltkrieg gelegt. 1952 weiht man an der Brunnenmühle eine neue, größere Versuchshalle ein, in der zunächst eine Reihe kleinerer Versuchsstände Platz findet. 1964 beginnt mit dem – inzwischen modernisierten – 1,5-Megawatt-Pumpen- und Pumpturbinenprüfstand der Ausbau des Versuchszentrums „Brunnenmühle" auf den heutigen Stand. Vier Prüfstände sind dort derzeit untergebracht, die hinsichtlich Druck und Durchflussmenge variieren und für alle Turbinentypen eine geeignete Test-Plattform bieten.

Das grundsätzliche Konzept ist immer ähnlich: Jeder Prüfstand hat einen geschlossenen Wasserkreislauf. Pumpengruppen im Keller sorgen für den nötigen

Francis-Turbine hinter der Glasscheibe:
Unter den Lichtblitzen eines Stroboskops werden Strömungsverhältnisse sichtbar.

Druck und halten den Wasserkreislauf aufrecht. Die wichtigsten Messparameter im Versuch sind die zugeführte Energie, Drücke und Durchflussgeschwindigkeiten und natürlich die erzeugte Energie, die sich aus Drehmoment und Drehzahl errechnen lässt. Der Wirkungsgrad wird aus der Differenz von zugeführter und erzeugter Energie an der Welle errechnet. Daneben werden Kräfte, die auf die einzelnen Bauteile wirken – wie Vibrationen oder Deformationen –, mit Hilfe zum Beispiel von Dehnmessstreifen registriert. Auch Spirale, Leitapparat und Saugrohr, heruntergerechnet auf den entsprechenden Maßstab, sind Teil der Untersuchungen.

Am Anfang jeder neuen Turbine steht zunächst trockene Archivarbeit. Sobald die für die Angebotserstellung wichtigen Randbedingungen definiert sind, beginnt in Papierarchiven und Datenbanken die Suche nach vergleichbaren Maschinen. Basierend auf den Datensätzen bereits realisierter Modellturbinen, werden die Daten des neuen Modells errechnet. Doch nur sehr selten lassen sich diese Informationen 1:1 übertragen. Meist wird zwischen oder von Maschinen mit vergleichbaren Parametern interpoliert bzw. extrapoliert. Dann erst wird das Modell mit typischen Maßstäben von 1:10 bis 1:30 und damit Laufraddurchmessern zwischen 250 und 500 Millimetern gefertigt.

Im Modellversuch werden die realen Betriebsbedingungen der Großmaschine möglichst ähnlich nachvollzogen. Das bedeutet allerdings nicht, dass die Verhältnisse am Prüfstand ein präzises Abbild des Prototypen sind. So spielt etwa die Art der eingesetzten Werkstoffe eine untergeordnete Rolle. Ziel des Versuches ist der Nachweis der geforderten hydraulischen Eigenschaften. Wichtig für verlässliche Aussagen ist deshalb die so genannte „hydraulische Kontur", die Geometrie aller wasserführenden Teile. Deren Formen sind homolog – die Konturen entsprechen genau denen der Großmaschine, während andere Dimensionen, etwa die Wandstärken, nebensächlich sind.

Auch bei den Betriebsbedingungen gibt es Unterschiede: So fährt man die Versuchsturbine im Test mit deutlich höherer Drehzahl als die spätere Großmaschine. Das hat einen leicht nachvollziehbaren Grund: Lässt man die Modellturbinen sich auf Prototypen-Niveau und damit vergleichsweise langsam drehen, läuft die Physik aus dem Ruder: Durchflussmengen und Drücke gehen in die Knie; Reibungsverluste nehmen überhand, und die Verhältnisse sind mit denen in der Großmaschine nicht mehr zu vergleichen. Um ähnliche Bedingungen zu schaffen (die so genannte Reynoldszahl ist dabei das entscheidende Kriterium), drehen die Ingenieure daher an der Drehzahlschraube. Nach dem Modellversuch ist Rechenarbeit angesagt. Nach Regeln, die in einer Richtlinie der IEC (International Electrotechnical Commission) formuliert sind, werden alle wichtigen Parameter vom Modellmaßstab auf die Großmaschine hochgerechnet.

MEHRERE MONATE ENTWICKLUNGSZEIT

Ist der Modellversuch abgeschlossen, die hydraulische Form vollständig festgelegt, beginnt die eigentlich Konstruktionsarbeit: Wandstärken werden definiert, Nebenaggregate arrangiert, die Anordnung von Welle und Lager optimiert. Etwa neun Monate dauert die komplette hydraulische Entwicklung bis zur Abnahme durch den Kunden. Mit dem ersten Modellentwurf liegt man meist schon richtig – nicht zuletzt dank moderner Simulationswerkzeuge, mit denen die Strömungsverhältnisse nachvollzogen und vielfältig variiert werden können. Rund 50 Prozent des Engineering werden bereits mit Hilfe der Methoden des Computational Fluid Dynamics erledigt.

Modell einer Pumpturbine:
Die Laufschaufeln sind durchnummeriert,
um Kavitationserscheinungen zuordnen zu können.

An diesem Peltonversuchsrad lassen sich gut die für diesen Turbinentyp typischen zweischaligen Schaufeln erkennen.

Damit ist CFD längst alltägliche Arbeit für die Entwicklungsingenieure. Mit erprobten Programmpaketen können sie die Strömungsverhältnisse in einer Wasserturbine insgesamt wie auch in den für das Gesamtergebnis mindestens so wichtigen Komponenten wie Leitapparat, Laufrad und Saugrohr detailliert und mit geringerem Aufwand nachvollziehen als in Modellversuchen. Aus den Randbedingungen des Projektes und den Daten ähnlicher Referenzmaschinen entsteht zunächst ein geometrischer Entwurf, der den groben Rahmen definiert. Via CFD werden dann die einzelnen Komponenten optimiert und schließlich in ihrem Zusammenspiel überprüft.

Farbige Darstellung und dreidimensionale Visualisierungen schaffen ein besseres Verständnis der Strömungsphysik. So entdecken Entwicklungsingenieure rasch, wie die Geometrie sinnvoll verändert werden muss, um Wirbel oder Kavitationen zu vermeiden. Turbinen-Design mit Hilfe von CFD liefert zudem die Kräfte, die zum Beispiel auf ein Schaufelblatt wirken, die dem Konstrukteur die Dimensionierung der entsprechenden Bauteile erleichtern. Einige wenige bis hin zu einigen hundert Optimierungszyklen sind notwendig, bis schließlich Designer, CFD-Experte und Modellbauer gemeinsam die Entscheidung für den nächsten Schritt – den Modellversuch – treffen.

TURBINENENTWICKLUNG BALD OHNE MODELL?

Und manchmal geht es gar schon ganz ohne Modell. Liegen die Randbedingungen und Leistungsdaten einer neuen Turbine nicht allzu weit von einem schon getesteten Referenzmodell entfernt und gelten die Betriebsbedingungen nicht als extrem, so kann man schon mal gänzlich aufs Modell verzichten. Numerische Strömungssimulationen können den Modellversuch in wenigen Jahrzehnten vielleicht gänzlich überflüssig machen. Doch nicht allein die wissenschaftlichen Fakten entscheiden darüber, ob es dazu kommt. Denn der Vorteil eines Modells, „begreifbar“ zu sein, ist für viele Kunden überaus wichtig. Sie wollen „ihre“ Turbine anfassen können, was bei virtuellen Bildern bei aller Anschaulichkeit nicht möglich ist.

CFD hat den Designprozess grundlegend geändert, doch die Entwicklungsziele sind die gleichen geblieben. Leistung und Wirkungsgrad sollen bei möglichst kompakter Bauweise der Turbine maximiert werden. Um die Strömung in einer Turbine und deren Komponenten im Rechner darstellen und berechnen zu können, werden sie in mehrere Millionen einzelne Elemente zerlegt. Die Grenzschichten – Bereiche

Die Geometrie der Modelllaufräder muss auf den Zehntelmillimeter genau stimmen: Nur mit einem Präzisionsmesswerkzeug lassen sich mögliche Konturenänderungen an einem Schaufelblatt erkennen.

nahe den Wänden, wo besonders hohe Reibung auftritt, oder Gebieten, in denen Wirbelstrukturen drohen – brauchen eine besonders feine Aufteilung. Dieser Vorgehensweise ist theoretisch keine Grenze gesetzt. Allerdings ist die Leistung solch aufwendiger numerischer Methoden bis heute durch begrenzte Rechnerkapazitäten bestimmt.

ERFAHRUNG UND FINGERSPITZENGEFÜHL

Bei der notwendigen Vereinfachung ist wissenschaftliches Fingerspitzengefühl gefragt. Nur der erfahrene CFD-Experte weiß, welche Teile der Strömungsgleichungen bei welcher Vorgabe vernachlässigt und weggelassen werden können. Dann allerdings liefern CFD-Methoden weit bessere Näherungen, als das vormals mit „Papier und Bleistift" möglich war. Verbesserungen der Wirkungsgrade bei Wasserturbinen werden heute nur mehr in Zehntelprozent-Schritten vollzogen. Trotzdem stecken in diesen Zehntelprozent-Verbesserungen über die Lebensdauer der Turbine viele, viele

Das Kraftwerk im Kleinen: Um die Steuerungssoftware einer Wasserkraftanlage testen zu können, werden im Versuch alle Regelungsfälle durchgetestet.

Extra-Kilowattstunden und sind deshalb von großer Bedeutung. Die Geometrieoptimierung in einem Designzyklus ist dementsprechend echte Feinarbeit: Die Konturenänderungen etwa an einem Schaufelblatt sind oft derart minimal, dass sie dem Laien – sogar im direkten Vergleich – meist völlig verborgen bleiben.

Ullrich Hnida und Georg Küffner

EXISTENZGRUNDLAGE STAUSEE

IM GESPRÄCH MIT BERND STOBRAWA, BOOTSVERLEIHER AM EDERSEE

Jetzt, im Sommer, ist die Wanne fast voll. Das Wasser steht dem Edersee bis Unterkante Mauerkrone. Bis zum Höchststand fehlen noch 40 Zentimeter – was einer Wassermenge von etwas mehr als drei Millionen Kubikmetern entspricht. Erst wenn der 11 Quadratkilometer große Talsperrensee exakt 199,3 Millionen Kubikmeter zurückhält, ist er tatsächlich randvoll. Dann werden alle weiteren aus dem Oberlauf der Eder in den See einströmenden Wassermassen durch die Bodenablässe in der Staumauer abgeleitet. Kommt das Wasser nach einem Unwetter als Hochwasserwelle „schwallartig", rauscht es direkt über die Mauer und stürzt mit einer gewaltigen Gischtwolke in die Tiefe. Doch zu solchen Spektakeln kommt es meist nur im Winter.

Derzeit muss Bernd Stobrawa, der in unmittelbarer Nähe zur Staumauer einen Bootsverleih betreibt, damit kaum rechnen. Im Gegenteil. „In den nächsten Wochen wird das Niveau des Sees kontinuierlich sinken", erklärt der wettergegerbte Mittfünfziger, der Ende der 70er Jahre von seinen Eltern den Pachtvertrag für den Bootssteg mit der zuständigen Behörde, dem Wasser- und Schifffahrtsamt in Hannoversch Münden, übernommen hat. „Das Amt legt genau fest, welche Wassermengen dem See entnommen werden. Zurzeit sind es sechs bis acht Kubikmeter in der Sekunde. In ‚Spitzenzeiten' fließen aber auch schon mal bis zu 30 Kubikmeter je Sekunde aus dem See. Das sind knapp 200 Badewannen voll", erzählt Stobrawa.

„In heißen und regenarmen Jahren zehrt die Wasserentnahme am See", sagt der Bootsmann. So lag das Niveau des Sees im Bereich der Staumauer am Ende des Jahrhundertsommers 2003 um genau 28 Meter tiefer als bei Vollstau. Im See waren lediglich noch 19,7 Millionen Kubikmeter Wasser „eingelagert"; nur wenig mehr als beim historischen absoluten Tiefststand von 1947. Um eines der Stobrawa gehörenden 40 Elektroboote mieten zu können, musste man damals tief in den See hinabsteigen. „Dazu habe ich vor einigen Jahren eine Betonpiste gebaut", erklärt Stobrawa. „Für die letzten Meter bis zum Steg gibt es eine Holztreppe. Die hat aber den Winter nicht überlebt. Bis zum Spätsommer werde ich hier für Ersatz sorgen müssen", stellt der Bootsverleiher fest, der in diesem Jahr erneut mit Niedrigwasser rechnet.

Stobrawa kennt sich mit der Geschichte der Staumauer vom Edersee bestens aus. Auf seinem Laptop sammelt er alles, was sich mit dem Bauwerk in Wort oder Bild beschäftigt. 1914 war die gigantische Rückhaltewand nach sechsjähriger Bauzeit vollendet worden. Während des Zweiten Weltkriegs wurde sie zerstört. In der Nacht zum 17. Mai 1943 riss eine englische Rotations-Bombe ein 22 Meter tiefes und 70 Meter breites Loch in die Staumauer. 160 Millionen

Die Staumauer des Edersees im Mai 1943. Damals hatte eine englische Rotations-Bombe ein 22 Meter tiefes und 70 Meter breites Loch gerissen.

Kubikmeter Wasser stürzten unkontrolliert zu Tal, 68 Menschen kamen ums Leben, viele Dörfer wurden zerstört. Die Flutwelle erreichte sogar das rund 50 Kilometer östlich gelegene Kassel. Doch so gewaltig der Schaden auch war, so schnell wurde die Mauer repariert. Bereits im Herbst desselben Jahres konnte der See wieder aufgestaut werden.

Unmittelbar und aus nächster Nähe hat Stobrawa die 1994 abgeschlossene Sanierung der Staumauer mitbekommen. „Damals war der Wasserspiegel des Sees insgesamt 34 Monate um sieben Meter abgesenkt", berichtet Stobrawa. Die Sanierung war notwendig geworden, da sich die Mauer-Erbauer bei der Statik verschätzt hatten: Aufgrund von „Sickerwasser", das durch die Mauer drang und unter ihr hindurchfloss, wirkten in und vor allem unter der „Schwergewichtsmauer" deutlich höhere Auftriebskräfte, als man vor 90 Jahren kalkuliert hatte. Die Mauer drohte rechnerisch umzukippen. Schon seit Jahren hatte man deshalb vorsichtshalber nur bis maximal 1,50 Meter unter den Rand gestaut.

Die zur Sanierung eingesetzte Technik wurde, wie Stobrawa berichtet, „in dieser Größenordnung in Europa erstmalig" angewendet: Mit so genannten Felsankern wurde die Mauer gegen den Untergrund verspannt. Jeder einzelne der insgesamt 104 vorgespannten Felsanker ist 75 Meter lang, besteht aus 34 Litzen, wiegt vier

1994 wurde die Mauer saniert. Das war notwendig geworden, da sie stärker „unterströmt" und damit „leichter" wurde, als die Mauer-Erbauer kalkuliert hatten.

Tonnen und kann eine Zugkraft von 450 Tonnen aushalten. Aufgrund der gesamten Tragkraft der Anker in Höhe von 46 800 Tonnen ist die Mauer heute so standsicher, dass ihr auch ein tausendjähriges Hochwasser nichts anhaben könnte. Bis zu 1100 Kubikmeter Wasser in der Sekunde können durch insgesamt sechs Grundablassrohre, ein Kraftwerk und über die Mauerkrone strömen, ohne dass das Bauwerk Schaden nimmt. Der Einbau der von der Maueroberkante bis in das darunter liegende Felsgestein reichenden „Zug-Anker" war technisch besonders heikel und aufwendig. Denn hierfür musste die Mauerkrone bis auf die denkmalgeschützte luftseitige Ansichtsfläche (Bögen) um sieben Meter abgetragen werden. Anschließend wurde ein über die Mauer verlaufender „Lastverteilungsbalken" für die Zuganker und darauf ein begehbarer Kontrollgang gebaut. Von dem Brückenüberbau über die Hochwasserentlastungen an der Mauerkrone aus wurden durch Aussparungen in der Kontrollgangdecke hindurch mit Bohransatzpunkt am Lastverteilungsbalken die Löcher für die Anker gebohrt. Um das alte Erscheinungsbild der Mauer nach dem Sanierungseingriff wieder herzustellen, wurden weder Kosten noch Mühen gescheut. Auf der Wasserseite verkleiden Original-Bruchsteine die mehrere Meter hohe Betonkonstruktion. Trotz des pfleglichen Umgangs mit der alten Bausubstanz

Der Edersee ist heute ein attraktives Ausflugsziel, wobei das Wasser primär zur Pegelregulierung auf der Oberweser genutzt wird. Die Stromproduktion ist dabei ein willkommenes „Abfallprodukt".

war die Sanierung der Staumauer für den zuständigen Denkmalpfleger „ein herber Eingriff". Doch die gewählte Methode war ihm deutlich lieber als andere, ebenfalls diskutierte Varianten, wie etwa eine der Mauer auf der Wasserseite vorgesetzte Vorsatzschale aus Beton. Die hätte das originäre Erscheinungsbild der Mauer völlig verschwinden lassen. Auch bei den Bootsverleihern – und allen anderen vom Tourismus lebenden Anrainern – wäre dieses Konzept auf heftigen Protest gestoßen, zumal dafür eine völlige Entleerung des Sees notwendig gewesen wäre.

„Niedrigwasser ist für die Touristikbranche rund um den See nicht unbedingt förderlich", stellt Stobrawa fest. „Auch wenn auch bei sehr niedrigen Wasserständen immer wieder Schaulustige kommen und mit den Booten zu den aus den Fluten auftauchenden Ruinen rudern." Den Besuchern bietet sich dann ein beeindruckendes Schauspiel: Fundamente von überfluteten Häusern kommen ans Tageslicht. An einer Stelle kommt sogar eine noch völlig intakte Steinbrücke zum Vorschein, auf der sich Touristen mitunter zum Picknick niederlassen. Der Platz, an dem sie speisen, liegt im Frühjahr mehr als elf Meter unter Wasser. Auch ein aus Beton gefertigtes Modell der Staumauer kommt mitunter zum Vorschein. „An ihm hat man noch vor dem Bau der Talsperrenmauer Strömungsversuche vorgenommen", erzählt Stobrawa.

Ausschlaggebend für den Stau der Eder und damit für den Bau der Sperrmauer war nicht die Stromproduktion. Als man am 1. August 1905 in Preußen das Gesetz „zur Hebung der Landeskultur, zur Verminderung von Hochwasserschäden und zur Ausgestaltung des Wasserstraßennetzes" verabschiedete, hatte man primär die gezielte Pegelregulierung auf der Oberweser und des bei Minden querenden Mittellandkanals im Auge. In der Zwischenzeit ist der von Berlin zum Ruhrgebiet führende Kanal „wassertechnisch" zwar weitgehend autark geworden. Doch die Oberweser ist noch immer auf das Ederseewasser angewiesen. Im Sommer wird ein Wasserstand von 1,20 m am Pegel Hann. Münden (1,0 m Wassertiefe) angestrebt, damit die Fahrgast- und Kiesschifffahrt fahren kann. Dafür werden an besonders trockenen Tagen bis zu 2,0 Mio. m^3 Wasser pro Tag der Talsperre entnommen. Das entspricht dann einer Absenkung des Talsperrenwasserspiegels von 20 cm. Freilich: Strom erzeugt die Ederseetalsperre natürlich auch. Schließlich soll das Wasser arbeiten, wenn es aus dem See in das 42 Meter tiefer liegende Unterbecken fließt. Unmittelbar unterhalb der Staumauer ging 1915 das Kraftwerk Hemfurth I mit einer Leistung von 15,6 Megawatt (MW) in Betrieb. Hemfurth II (16,2 Megawatt) folgte 1927. Im Zuge der Mauersanierung wurden auch die Kraftwerke saniert und auf den neuesten Stand der Technik gebracht: Zwei neue Turbinen mit einer Gesamtleistung von 20 Megawatt ersetzten die sechs alten Maschinen des Kraftwerks Hemfurth I. Eine alte Maschine blieb als Schaustück erhalten. Hemfurth II, das während des Umbaus von Hemfurth I für die Stromproduktion zuständig war, wurde 1994 stillgelegt.

Ingesamt mussten für den Stausee fünf Dörfer evakuiert werden. Das Ederwasser überflutete 900 Hektar Ackerland und etliche Hektar Wald. Kirchtürme wurden niedergelegt und Häuser abgebrannt. Dies diente einerseits der Sicherheit des Schiffsverkehrs. Zum anderen sollte für die 700 Einwohner der „versunkenen" Ortschaften der Bruch mit der Vergangenheit endgültig sein. Die Talsperre gehörte einst zu den größten Staumauern der Welt. Die Talenge mit dem festen Gestein aus Tonschiefer und Grauwacken bot sich geologisch wie geographisch als idealer Standort an. Heute wäre der Bau eines Stausees dieser Größe mitten in Deutschland politisch kaum mehr durchsetzbar und auch rechtlich nicht mehr möglich. Vom „Ruinentourismus" allein kann der Bootsverleiher Stobrawa freilich nicht leben. Vielmehr ist er auf Tagestouristen und Urlauber angewiesen, die auf den Campingplätzen rund um den See Quartier beziehen. Vor allem Gemütlichkeit und Volkstümlichkeit machen den Edersee beliebt. Statt Designerhemden und italienischer Schuhe trägt man hier Jogginganzüge und Plastik-Latschen. In den Lokalen rund um den See wird nicht Coq au vin serviert, sondern Reibekuchen mit Apfelmus. Vergeblich sucht man am 69 Kilometer langen Ufer nach Promenaden, Villen und Straßencafés. Kein Privatstrand sperrt das Wasser ab. Fast überall ist der Weg zum Ufer frei. Das ist genau das richtige Umfeld für Stobrawas treueste Klientel, die Angler. Die kommen immer wieder, um bei ihm Boote zu leihen und ein Schwätzchen zu halten. Wenn man den Erzählungen der Petribrüder glauben darf, ist der Edersee ein überaus ergiebiges Fischgewässer, in dem sich Barsche, Zander und Hechte tummeln. „Den größten Fisch", erzählt Stobrawa, „hat ein Trinkhallenbesitzer geangelt: einen 16 Kilogramm schweren Hecht. Seit dieser Zeit thront über dem Kiosk der Schriftzug ‚Zum großen Hecht'."

Aufgezeichnet von Georg Küffner

DIE AUTOREN

Friederike Bauer
hat in München, USA und Mexiko Amerikanistik, Kommunikationswissenschaft und Politik studiert. Sie ist Mitglied der politischen Redaktion der *Frankfurter Allgemeinen Zeitung* und lebt in Frankfurt.

Christine Demmer
hat Volkswirtschaft und Informatik studiert, danach war sie Wirtschaftsredakteurin bei der *Frankfurter Allgemeinen Zeitung* und beim *Manager Magazin*. Seit 1989 arbeitet sie freiberuflich für Wirtschafts- und IT-Medien. Sie wohnt in Wiesbaden.

Ullrich Hnida,
Diplom-Physiker, war mehrere Jahre Redakteur der *Frankfurter Allgemeinen Zeitung* im Ressort Natur und Wissenschaft, danach Öffentlichkeitsarbeiter bei ABB und lebt heute als freier Journalist in Freiburg.

Klaus Jacob,
gelernter Bauingenieur, ist freier Wissenschaftsjournalist in Stuttgart.

Georg Küffner
hat Volkswirtschaftslehre und Maschinenbau studiert. Er ist Mitglied der Redaktion Technik und Motor der *Frankfurter Allgemeinen Zeitung* und schreibt vorwiegend über Themen aus den Bereichen Energie-, Umwelt- und Bautechnik. Er wohnt in Zwingenberg an der Bergstraße.

Robert von Lucius
Studium der Rechtswissenschaften und Politologie. Für die *Frankfurter Allgemeine Zeitung* arbeitete er lange als Korrespondent in Südafrika. Heute berichtet er aus Stockholm über die nordischen und baltischen Staaten.

Christine Möllhoff
hat Germanistik, Politikwissenschaft und Publizistik studiert. Für die Deutsche Presse-Agentur arbeitete sie bis 2003 als bundespolitische Korrespondentin in Berlin. Heute berichtet sie aus Neu-Delhi über Südasien.

Konrad Mrusek
studierte Volkswirtschaftslehre. Er ist Korrespondent der *Frankfurter Allgemeinen Zeitung* in der Schweiz und berichtet über Wirtschaft und Politik sowie über die internationalen Organisationen in der Schweiz.

Horst Rademacher
hat Geophysik und Astronomie studiert und berichtet heute als Wissenschaftskorrespondent der *Frankfurter Allgemeinen Zeitung* aus Nordamerika. Er wohnt in San Francisco, USA.

Claus Tigges
Studium der Volkswirtschaftslehre in Bonn und Harvard. Er arbeitet als Wirtschaftskorrespondent der *Frankfurter Allgemeinen Zeitung* für USA und Kanada mit Sitz in Washington.

REGISTER

G

H

L

M

N

O

P

Q

R

X

Y

Z

BILDNACHWEIS

Corbis 4–5, 6, 26, 76, 138–139, 142, 156–157, 158–159, 160, 186
mit freundlicher Genehmigung des Deutschen Museums 43 (linke Seite), 46
mit freundlicher Genehmigung der Elsam A/S 82
FontShop 2–3, 98
Izabel Gazeta 222, 225, 226–227, 228
gettyimages 14–15, 19, 28–29, 30, 154, Vorsatz, Umschlag
Groothuis, Lohfert, Consorten 20, 42, 44, 45, 47 (linke Seite), 49, 53, 55, 59, 63, 175, 183, 207
Achim Häckert 235, 236
Regina C. Henkel 33, 34, 36, 38
Lonely Planet Images 25
Robert von Lucius 111
Amit Mehra 213, 215, 216, 217, 218
Rüdiger Nehmzow 74–75, 102–103, 116–117, 133, 144, 147, 148–149, 150, 151, 152, 168–169, 177, 178, 243, 248
mit freundlicher Genehmigung der Nova Scotia Power 180
pa Picture-Alliance 167, 184
Science & Society Picture Library 56
ShutterStock 16
mit freundlicher Genehmigung der Voith AG 40, 47 (rechte Seite), 48, 54, 57, 60, 61, 64, 65, 66
mit freundlicher Genehmigung der Voith Siemens Hydro Power Generation 52, 58, 62, 107, 108, 136, 220–221
mit freundlicher Genehmigung der Weltbank 163
Wesser & Bogenschütz, Heidenheim 43 (rechte Seite), 69, 71, 91, 93, 94, 118, 121, 122,129, 130, 170, 172–173, 174, 189, 191, 192, 193, 194, 196, 198, 199, 200, 201, 202, 204, 206, 208, 209, 210, 233, 238–239, 240, 245, 246, 249, 251, 252, 253, 254
Nian Zeng 81, 134–135, 140–141

Bibliografische Information Der Deutschen Bibliothek
Die Deutsche Bibliothek verzeichnet diese Publikation in der Deutschen Nationalbibliografie; detaillierte bibliografische Daten sind im Internet über <http://dnb.ddb.de> abrufbar.

IMPRESSUM

Redaktion Ralf Bißdorf
Technische Redaktion Wolfgang Heine
Konzept und Gestaltung Groothuis, Lohfert, Consorten | glcons.de
Reproduktion Einsatz Creative Production, Hamburg
Druck und Bindung Clausen & Bosse, Leck

Printed in Germany
ISBN 10 3-421-05898-9
ISBN 13 978-3-421-05898-0
www.dva.de